电力信息通信人员

上岗培训教材

楼 平 主 编

张国平 潘红武 副主编

中国电力出版社

CHINA ELECTRIC POWER PRESS

内 容 提 要

本书选取了电力信息通信专业较为常见的 27 个运维场景，涵盖重要设备配置、重要系统应用及常见仪器仪表操作等内容，从剖析教学目标、操作步骤和方法等方面，由浅入深地帮助新进员工规范、有效地掌握信息通信设备、系统及仪器仪表的运维流程和操作方法。

本书既可作为电力信息通信专业新员工的培训教材，也可作为电力信息通信运维人员的工作参考书籍。

图书在版编目（CIP）数据

电力信息通信人员上岗培训教材 / 楼平主编 . —北京：中国电力出版社，2022.12
ISBN 978–7–5198–7112–3

Ⅰ . ①电…　Ⅱ . ①楼…　Ⅲ . ①电力通信系统—岗前培训—教材　Ⅳ . ① TN915.853

中国版本图书馆 CIP 数据核字（2022）第 183657 号

出版发行：中国电力出版社
地　　址：北京市东城区北京站西街 19 号（邮政编码 100005）
网　　址：http：//www.cepp.sgcc.com.cn
责任编辑：刘丽平
责任校对：黄　蓓　郝军燕
装帧设计：郝晓燕
责任印制：石　雷

印　　刷：望都天宇星书刊印刷有限公司
版　　次：2022 年 12 月第一版
印　　次：2022 年 12 月北京第一次印刷
开　　本：787 毫米 ×1092 毫米　16 开本
印　　张：11
字　　数：230 千字
定　　价：45.00 元

前　言

电力企业正快速迈入数字化时代，四通八达的通信线路、安全可靠的信息网络、分门别类的应用系统，信息通信技术已融入企业生产、经营、管理的方方面面，成为企业不可或缺的支撑与保障力量。一方面，企业对信息通信技术支撑与保障的即时性、可靠性、安全性提出了更高的要求；另一方面，信息通信运维人员频繁调动、技术井喷式更新，老中青青黄不接，给队伍带来了诸多不确定因素，企业在技能传承、技术传授上迫切需要寻求一条新的培训道路，强化过程管控，规范作业流程，在较短时间内提高新员工的技能水平，适应企业信息通信运维工作，满足企业信息通信发展需求。

本书选取了国网湖州供电公司信息通信专业较为常见的 27 个运维场景，涵盖重要设备配置、重要系统应用及常见仪器仪表操作等内容，从剖析教学目标、操作步骤和方法等方面，由浅入深地帮助新进员工规范、有效地掌握信息通信设备、系统及仪器仪表的运维流程和操作方法。

本书由楼平担任主编，张国平和潘红武担任副主编，宗丽英、张云峰、卢黎明、陈军、程路明、黄立、钱振兴、郑森森、童渊文、沈爱敏、魏星、虞思城、杨佳彬、蔡海良、潘人奇、左武志、董科、叶韵、李凌雁、裴建成、魏嘉琪、陈旻、吴云鹏、魏骁、宋文权、滕波等参加了相关章节的编写工作。

本书既可作为信息通信专业新员工的入门指导书，也可作为信息通信运维人员实际工作中的参考书籍。在此，编者期望能与广大读者开展交流，共同学习提高。

限于编者水平，书中难免存在不足之处，恳请读者批评指正。

编者

2022 年 11 月

目　录

第一章　重要设备配置

第一节　传输设备配置

一、教学目标

传输设备是连接交换机与交换机之间的通信线路，其重要功能是延长传输距离，实现长途通信，常见品牌有思科、华为等。本节以思科传输设备为例，介绍传输设备的基础配置、电路配置、电路修改及性能检测相关技能。

二、操作步骤和方法

（一）CTC 连接

思科传输系统为每台设备配置了一个独立 IP 地址，用于配置和管理，不同 IP 网段之间一般使用 OSPF（Open Shortest Path First，开放最短路径优先）路由协议互联互通。运维人员可使用 PC 终端，运行 CTC（Cisco Transport Controller，思科传输控制器）连接中央网管对网内传输设备进行系统设置，如图 1-1 所示。

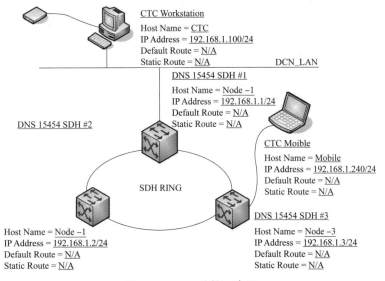

图 1-1　CTC 连接示意图

（二）进入中央网管 CTC

在 PC 终端上打开浏览器，在地址栏中输入中央网管服务器 IP 地址，进入 CTC 管理软件，输入用户名和密码进行登录。

注意：PC 终端应与服务器路由可达。

（三）系统基本配置

（1）配置设备名称。选择 Provisioning → General → General，在 Node Name 栏配置设备名称，Time Zone（时区）选择 GMT+8，单击 Apply 按钮，完成操作，如图 1-2 所示。

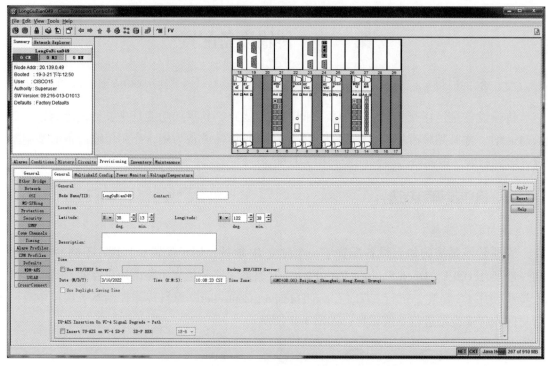

图 1-2　配置设备名称

（2）配置设备 IP。选择 Provisioning → Network → General，在 Node Address 栏配置 IP 地址，在 Net/Subnet Mask Length 栏配置掩码位数，单击 Apply 按钮，完成操作，如图 1-3 所示。配置 IP 地址后，设备会重启，可能会影响在运业务，故该步操作需谨慎。

（3）新建 DCC 网管通道。选择 Provisioning → Comm Channels → MS-DCC，单击 Create 按钮，在弹出的 Creat Ms-DCC Terminations 对话框中选中光板，选择端口状态为 Set to unlocked，单击 Finish 按钮，如图 1-4 所示。设置 DCC 网管通道时应仔细核对端口，务必确保光路两侧网管通道属性一致，均为 RS-DCC 或 MS-DCC。

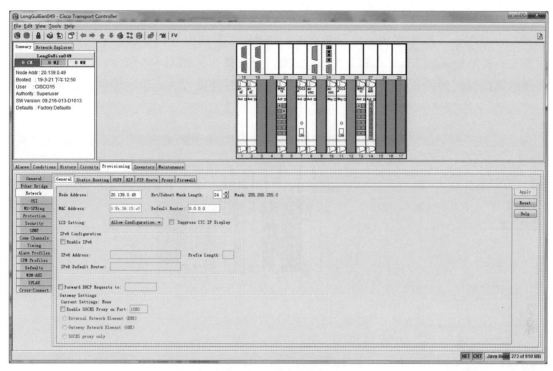

图 1-3　配置设备 IP

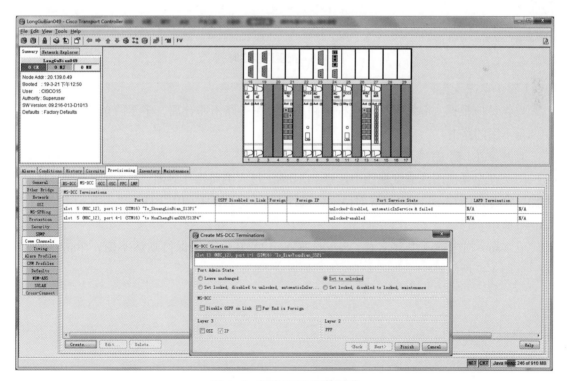

图 1-4　新建 DCC 网管通道

（4）配置同步定时。选择 Provisioning → Timing → General，设置提取方式为 Mixed，在 Reference Lists（参考列表）中设置 Ref-1 和 Ref-2 为相应光路（根据定时规划选取），设置 Ref-3 为 Internal Clock，单击 Apply 按钮，完成操作，如图 1-5 所示。设置时钟时应合理选择线路时钟的优先级，核对网管两侧站点的时钟设置，确保时钟同步与定时规划一致。

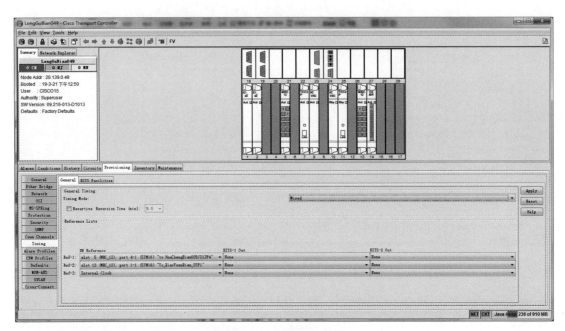

图 1-5　配置同步定时

（四）电路配置

操作员应根据实际情况合理选择电路路由，主备路由需分离，多于两条路由时至少采用两条不用的路由。

1. 建立 E1 到 E1 电路

（1）在全局视图或节点视图中选择 Circuits，进入电路操作界面，单击 Create 按钮新建电路。在弹出的 Circuit Creation 对话框中选择 VC_LO_PATH_CIRCUIT，单击 Next 按钮，如图 1-6 所示。

在 Name 栏中输入电路名称，Size 选择 VC12，其他选项保持默认不变，单击 Next 按钮，如图 1-7 所示。

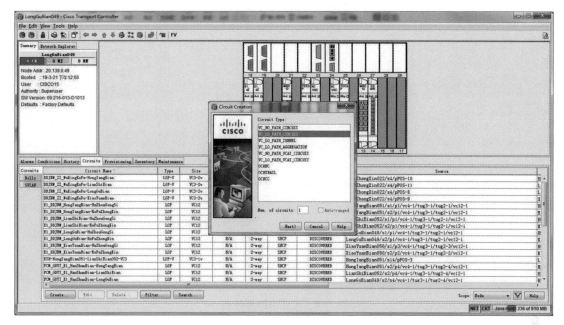

图 1-6　新建电路

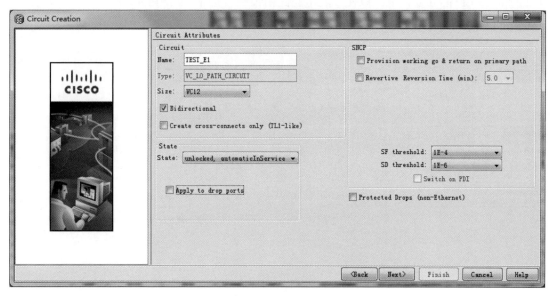

图 1-7　配置电路

（2）在 Source 中选择电路源点站名，Slot 选择 E1_42 板卡所在槽位，选择端口号，时隙号会自动选中对应，单击 Next 按钮，如图 1-8 所示。Destination 配置参考 Source 进行配置。

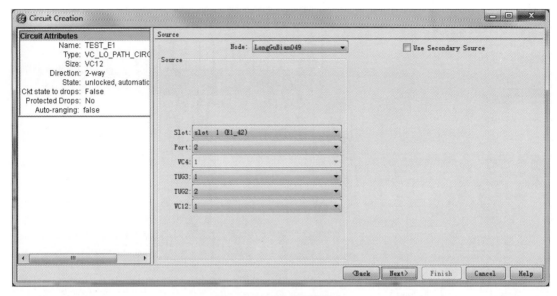

图 1-8　配置电路源终点

（3）在路由选项页面中选中 Route Automatically 复选框，使用自动路由；选中 Review Route Before Creation 复选框，以便查看电路路由情况；选中 Fully Protected Path 复选框，启用 SNCP 保护，如图 1-9 所示，单击 Next 按钮。

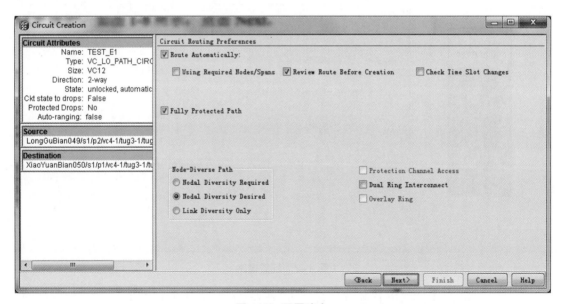

图 1-9　配置路由

（4）在优化选项页面中选中 None 单选按钮，单击 Next 按钮，检查电路配置和路由是否完整及正确，如图 1-10 所示。

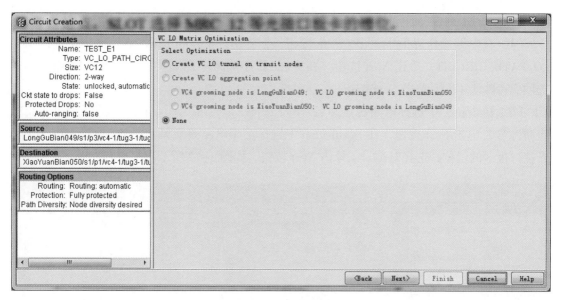

图 1-10 优化选项

可通过 Add Span 及 Remove 增减路由路径，确认无误后，单击 Finish 按钮，完成电路创建，如图 1-11 所示。

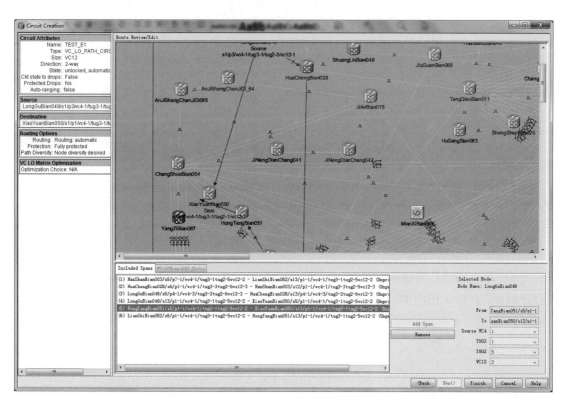

图 1-11 调整路由

2. 建立 E1 到 STM1 汇聚电路

（1）在电路操作界面中单击 Create 按钮，在弹出的 Circuit Creation 对话框中选择 VC_LO_PATH_CIRCUIT，单击 Next 按钮，在 Name 栏中输入电路名称，Size 选择 VC12，其他选项保持默认不变，单击 Next 按钮。

（2）在 Source 中选择电路源点站名，Slot 选择 E1_42 板卡所在槽位，选择端口号及相应时隙号，单击 Next 按钮，在 Destination 中选择汇聚电路终点站点，Slot 选择 MRC_12 等光接口板卡的槽位，选择时隙号，单击 Next 按钮，如图 1-12 所示。

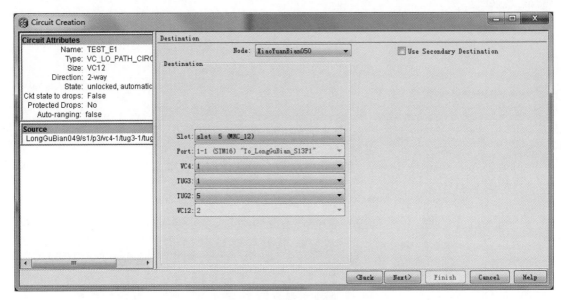

图 1-12　配置电路源点

（3）在路由选项页面选中 Route Automatically.Review Route Before Creation.Fully Protected Path（启用 SNCP 保护）复选框，单击 Next 按钮。

（4）在优化选项页面选中 None 单选按钮，单击 Next 按钮，检查电路配置和路由是否完整及正确。可通过 Add span 及 Remove 增减路由路径，确认无误后，单击 Finish 按钮，完成电路创建。

3. 建立 VCAT 电路

（1）在电路操作界面中单击 Create 按钮，在弹出的 Circuit Creation 对话框中选择 VC_LO_PATH_VCAT_CIRCUIT，单击 Next 按钮。在 Name 栏中输入电路名称，Member size 选择 VC12，Num. of Member 选择 3（选择有 3 个 VC12 成员），Mode 选择 LCAS（Link Capacity Adjustment Scheme 模式），单击 Next 按钮，如图 1-13 所示。

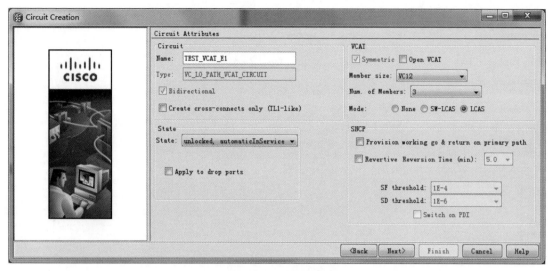

图 1-13 设置电路基础

（2）在 Source 中选择源节点，在 Slot 中选择 CE 系列以太网支路业务板卡，并选择空闲端口，系统会自动分配时隙，单击 Next 按钮，如图 1-14 所示。Destination 选择目标节点，Slot 中选择 CE 系列以太网支路业务板卡，并选择空闲端口，系统会自动分配时隙，单击 Next 按钮。

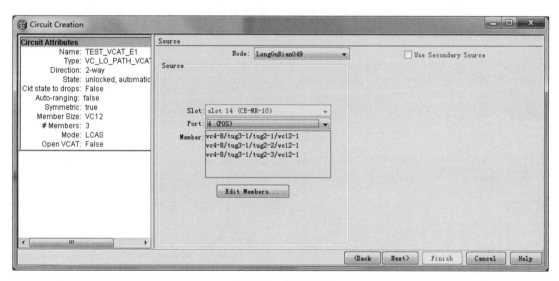

图 1-14 配置节点

（3）选中 Route Automatically、Review Route Before Creation 复选框，选中 Split Routing 单选按钮（对于有环路保护的节点，选中该单选按钮），单击 Next 按钮，如图 1-15 所示。

第一章　重要设备配置

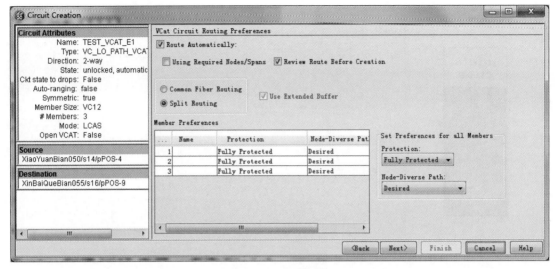

图 1-15　配置路由

（4）在优化选项页面选中 None 单选按钮，单击 Next 按钮，创建 VCAT 电路，单击 Finish 按钮，完成电路创建。

（五）修改电路

1. 修改通道路由

（1）在电路操作界面的电路列表中选中需要修改的电路，选择 Tools → Circuits → Roll Circuit，进行路由修改，如图 1-16 所示。

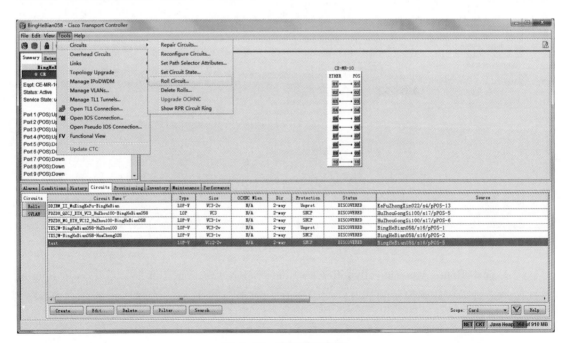

图 1-16　选择修改电路

选择需要修改的电路（仅 VCAT 电路需要选择），如图 1-17 所示，单击 OK 按钮。

10

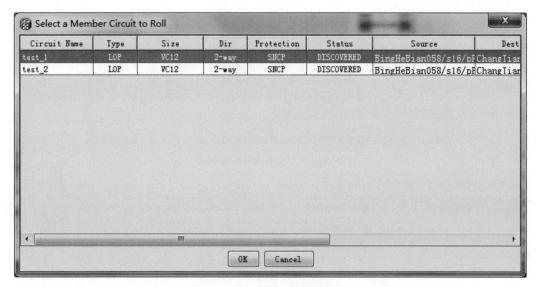

图 1-17 需要修改的电路

（2）选择 Roll 模式和类型，一般选择 Manual 手动。选择要 Roll 电路的源节点，如图 1-18 所示；选择需要 Roll 的路径时隙，如图 1-19 所示；选择要 Roll 电路的目的节点，如图 1-20 所示。

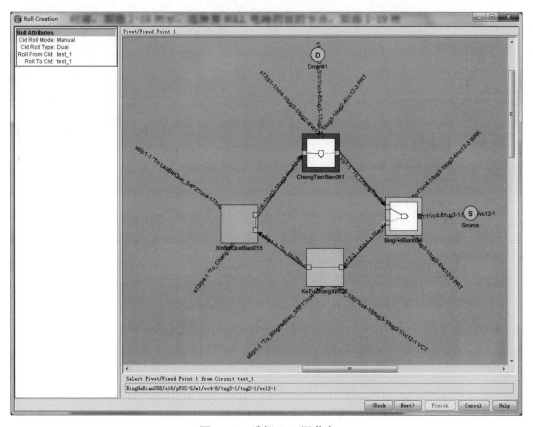

图 1-18 选择 Roll 源节点

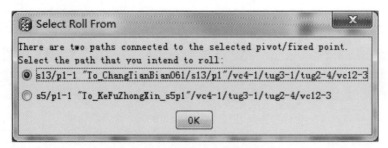

图 1-19 选择 Roll 路径时隙

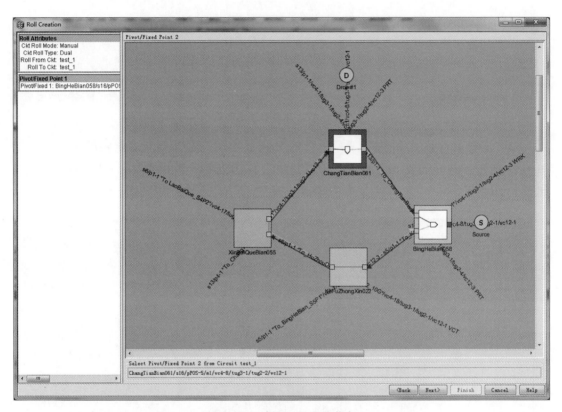

图 1-20 选择 Roll 目的节点

（3）手动选择 Roll 后的路径，如图 1-21 所示。

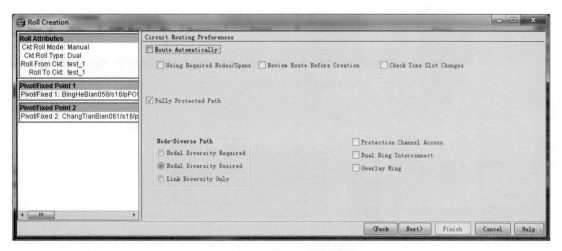

图 1-21 选择 Roll 后的路径

（4）将路径添加到电路中，单击 Finish 按钮，完成修改，如图 1-22 所示。在电路操作界面中选择 Rolls → force valid signal，选择 complete，完成电路添加。创建完成，查看电路状态。

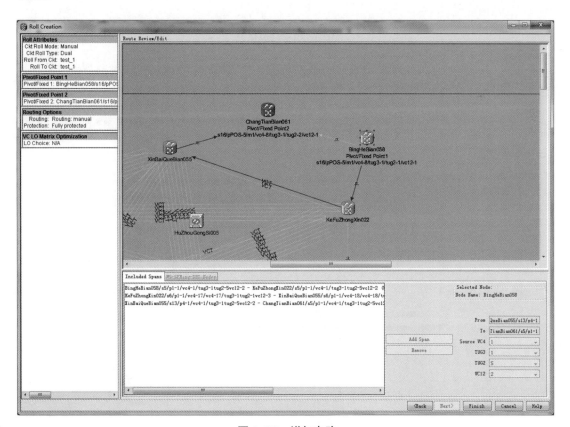

图 1-22 增加电路

2. 非保护电路升级成 SNCP 保护电路

（1）选中需要修改的电路，选择 Tools → Topology Upgrade → Convert Unprotected to SNCP，选择 Next 下一步，如图 1-23 所示。

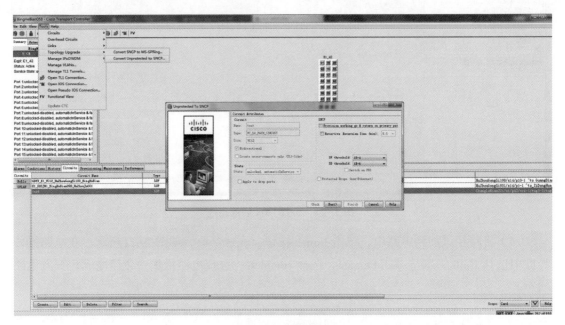

图 1-23　修改拓扑

（2）根据实际情况选择手动或自动制定路径，单击 Close 按钮，电路升级成 SNCP 保护电路，如图 1-24 所示。

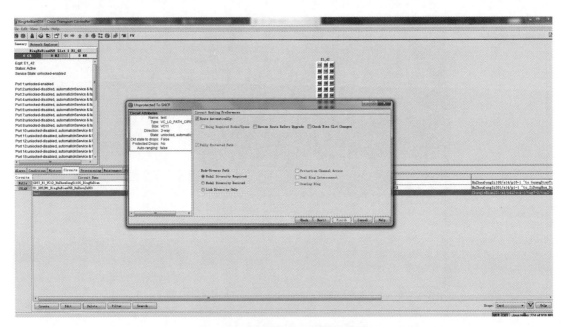

图 1-24　升级成 SNCP 保护电路

（六）性能监测

进行性能监测时应正确选择端口，在观察光功率时应注意收发方向。性能监测周期一般为 15min 和 24h，至少应观察 15min 方可确认性能是否正常。

1. 测试网元光功率

（1）在网元界面双击要测试的板卡（以 MRC-12 光板为例，其他的 XFP 光板、CE-MR 光板、ML 板的测试方法相同），选择 Maintenance → Transceiver，如图 1-25 所示。

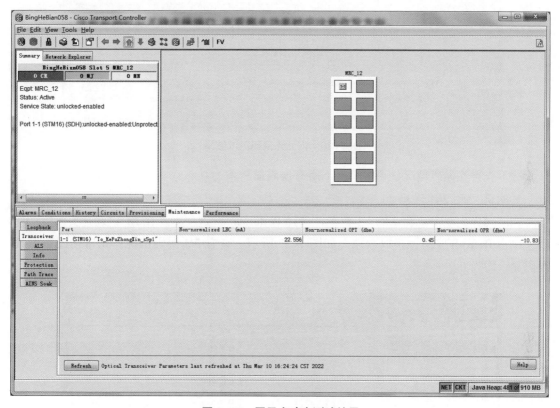

图 1-25　网元光功率测试结果

（2）查看该板卡上各光路收发光功率情况，其中 OPT 为发送光功率，OPR 为接收光功率。

2. 测试网元光误码

（1）在网元界面双击要测试的板卡，选择 Performance 选项卡。在 Intervals 中选择测试时间，在 Line 中选择要测定的光路，单击 Refresh 按钮，获取数据，如图 1-26 所示。

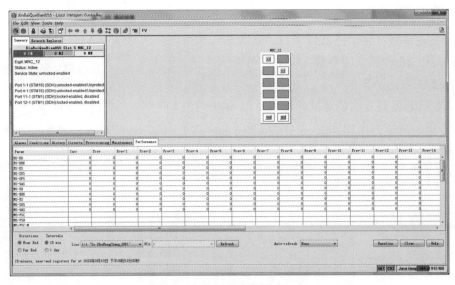

图 1-26　网元光误码测试结果

（2）查看光误码情况，正常情况下所有误码显示均为 0。

3. 测试网元 2M 误码

在网元界面双击要测试的 E1 板卡，选择 Performance 选项卡。在 E1 中选择要测定的端口，单击 Refresh 按钮，获取数据，如图 1-27 所示。查看 2M 误码情况，正常情况下所有误码显示均为 0。

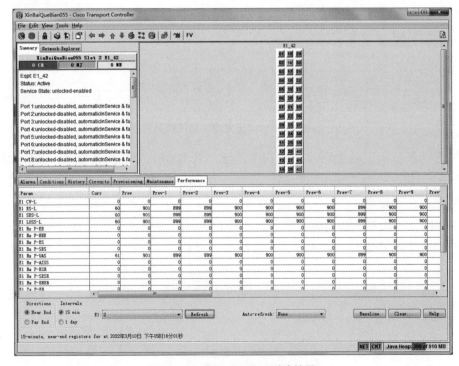

图 1-27　网元 2M 误码测试结果

第二节　接入设备配置

一、教学目标

接入设备是一个硬件设备，通常用于远程访问网络资源。这里描述的接入设备特指传输接入设备，如 PCM、光电一体化设备等。本节以光电一体化设备为例，介绍光电一体化的网管和业务配置。

二、操作步骤和方法

（一）设备连接

主站的 RC3000-15 设备通过光纤连接到 SDH（Synchronous Digital Hierarchy，同步数字体系）传输网，RC3000-15 设备通过网线连接到网管服务器，另一 RC3000-15 设备与主站互联，主站和变电站开通 E1 通道，变电站 RC3000E 设备通过 E1 连接至主站，主站和变电站之间的通道 E1 开通电话业务，如图 1-28 所示。

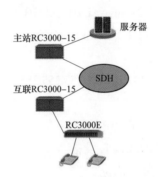

图 1-28　设备连接示意图

（二）数据配置

完成物理连接后，需通过数据配置实现远端设备的管理，主站 RC3000-15 连接 SNMP 接口，通过 SDH 连接到网管服务器；通过 VCC 互联地址实现互联的 RC3000-15 的网管。

主站 RC3000-15 的 1 槽位提供 E1 接口，4 槽位提供 4 路 FXS/FXO 语音接口，其中 FXS/FXO 接口占用 5 槽位第一个 E1 的 1～4 时隙，变电站 RC3000E 的 4 槽位对应一个 E1 接口，2 槽位提供 4 路 FXS/FXO 语音接口。如果有两台 RC3000-15 组网，要通过本端监控到另一端设备，则需要每台设备配置 VCC 虚通道。

（1）配置两台设备的网管基础信息，包括 SNMP 端口地址、读写权限、网管主机地址等。

```
Login: raisecom      // 初始用户名和密码都是 raisecom
Raisecom> ena        // 进入特权模式密码也是 raisecom
Raisecom# con        // 进入全局配置模式
```

Raisecom(config)# int snmp　　// 进入 SNMP 端口

Raisecom(config-snmp)# ip address 192.168.0.1 255.255.255.0　　// 设置 SNMP 端口地址

Raisecom(config-snmp)# exit　　// 退出 SNMP 端口

Raisecom(config)# snmp-server community public ro　　// 设置读写权限

Raisecom(config)# snmp-server community private rw　　// 设置读写权限

Raisecom(config)# snmp trap-server 192.168.0.254　　// 网管主机地址，告警上报主机

（2）配置主站 RC3000-15 设备的 VCC 地址，并配置 VCC 至 E1 端口的交叉。

Raisecom(config)#crossconnect vc12 source e1 1/1 sink 1/1/1　　// 配置光口到背板的交叉

Raisecom(config)#crossconnect vcc 1 1/1 sink 1/1/1 twoway　　// 配置 VCC 的交叉

Raisecom(config)#interface vcc 1

Raisecom(config-vcc/1)#ip address 192.168.0.1 255.255.255.252　　// 配置 VCC 接口地址

Raisecom(config-vcc/1)#exit

Raisecom(config)#route rip　　// 启用 RIP 协议

（3）配置互联的 RC3000-15VCC 地址并配置交叉。网管计算机上要配置网关，为局端 RC3000-15 的设备地址，完成后网管即可管理远端的 RC3000-15 设备。

Raisecom(config)#crossconnect vc12 source e1 1/1 sink 1/1/1　　// 配置光口到背板的交叉

Raisecom(config)#crossconnect vcc 1 1/1 sink 1/1/1 twoway　　// 配置 VCC 的交叉

Raisecom(config)#interface vcc 1

Raisecom(config-vcc/1)#ip address 192.168.0.1 255.255.255.252　　// 配置 VCC 接口地址

Raisecom(config-vcc/1)#exit

Raisecom(config)#route rip　　// 启用 RIP 协议

（4）从 RC3000-15 网管绑定 RC3000E 设备。

Raisecom(config)#slot 1　　// 进入槽位 1

Raisecom(config-slot/1)#sub-device-add id 1 e1 1　　// 远端设备 ID 和 E1 绑定

Raisecom(config-slot/1)#interface e1 1　　// 进入 E1 1

Raisecom(config-e1/1/1)#clock-mode master　　// 配置时钟模式

Raisecom(config-e1/1/1)#frame-mode framed

Raisecom(config-e1/1/1)#pcm-mode pcm30

Raisecom(config-e1/1/1)#nms-channel-select sa4-channel　　// 网管通道

Raisecom(config-e1/1/1)#sub-device-baud 2400　　// 配置波特率

Raisecom(config-e1/1/1)# end　　// 退出 E1 配置模式

Raisecom# wr　　// 保存配置

（5）RC3000E 数据配置。

Login: raisecom　　// 初始用户名和密码都是 raisecom

Raisecom> ena　　// 进入特权模式密码也是 raisecom

Raisecom# conf　　// 进入全局配置模式

Raisecom(config)#device clock mode slave　　　// 配置时钟模式 (master | slave)

Raisecom(config)#device clock e1 1 priority 1　　　// 配置 E1 线路时钟等级，使用 no 删除 E1 线路时钟等级

Raisecom(config)#system−management−mode slave　　　// 配置系统管理模式 (master | slave)

Raisecom(config)#system−management−port e1 1　　　// 选择被网管的通道

Raisecom(config)#nms−channel−select e1 1 sa4−channel　　　// 配置 E1 网管通道

Raisecom(config)#device id 1　　　// 配置设备 ID

Raisecom(config)#device baud 2400　　　// 配置设备被网管的波特率

Raisecom(config)#exit

Raisecom#write

（三）网管操作

（1）登录网管系统。安装 NView NNM V5 网管软件，安装完成后需要先启动服务器，再启动客户端，输入用户名、密码，单击确认按钮，登录系统。

（2）添加设备。在空白区域右击，在弹出的快捷菜单中选择"添加设备"命令，在弹出的"添加设备"对话框中输入 IP 地址，单击"校验网元类型"按钮，即可识别出设备类型，修改网元名称，单击"添加"按钮即可，如图 1-29 所示。

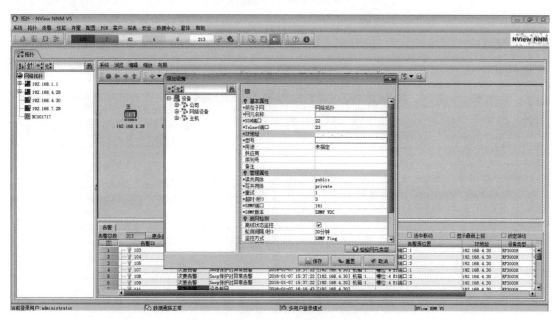

图 1-29　添加设备

（3）同步设备。选中设备并右击，在弹出的快捷菜单中选择"相关资源"按钮，"同步"命令，完成设备同步，如图 1-30 所示。

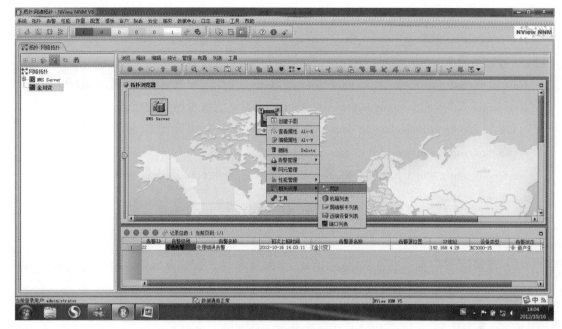

图 1-30　同步设备

（4）设置设备时钟。在同一个同步系统里需要设定一个时钟，一般设置主站设备为
主时钟，从站点设备设置为线路提取钟。设置主站时钟时，选择主站设备，在"配置"菜
单里选择"系统时钟配置"，也可在右边"操作列表"里单击"系统时钟配置"按钮，如
图 1-31 所示。

图 1-31　设置设备时钟

（5）配置 E1 端口属性。选中主站设备的 8E1 板，在网管界面右边"操作列表"中单击"E1 发送时钟配置"，在弹出的"E1 发送时钟配置"对话框中选中所要使用的 E1，在"发送时钟"下拉列表里选择"本地时钟"，单击"下发配置"按钮即可，如图 1-32 所示。同样的方法，在从站点里配置线路时钟。

图 1-32 配置 E1 端口属性

设置 E1 的成帧模式、CRC 校验。一般设置成帧模式为"PCM30"；CRC 校验必须两端对应，要么都使能，要么都禁止，如图 1-33 所示。

（6）设置 FXO/FXS 属性。选中语音卡（包括 FXS、FXO、E&M 卡），设置接受信令占用比特、发送信令占用比特、接受令模式和发送信令模式。设置的一般原则：收发信令比特位，局端和远端保持一致。收发信令模式一般是局端全部设为原信令，远端全部是原信令或反信令，只要能正常使用即可，如图 1-34 所示。

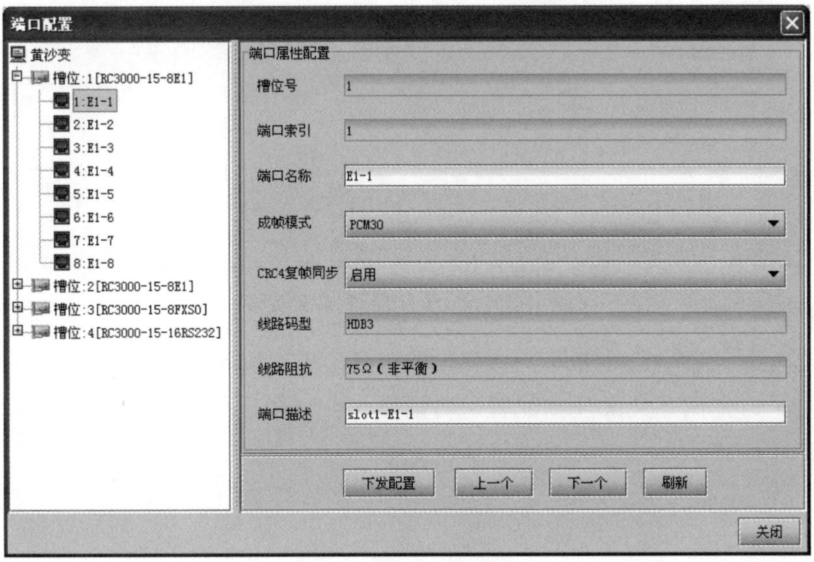

图 1-33 端口配置

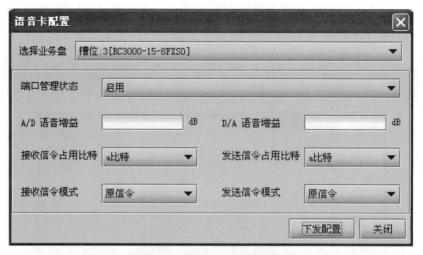

图 1-34　配置 FXO/FXS 属性

（7）配置 RS232/V24 属性。选中 RS232 板卡相应端口，保证"端口管理状态"和"通道管理状态"启用即可，如图 1-35 所示。

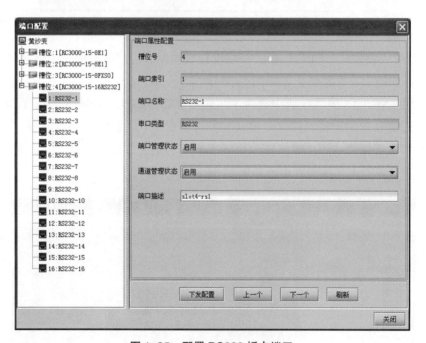

图 1-35　配置 RS232 板卡端口

（8）配置交叉连接。右击板卡，在弹出的快捷菜单中选择"配置"→"交叉连接配置"命令（图 1-36），弹出"交叉连接配置"对话框，在"新建"下拉列表里选择"支路到支路交叉"，如图 1-37 所示。

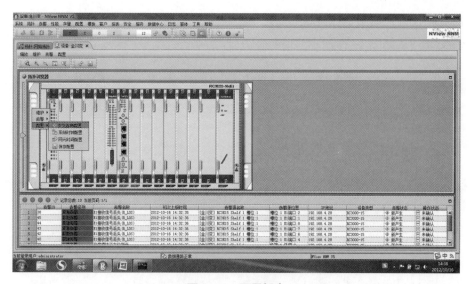

图 1-36　配置板卡

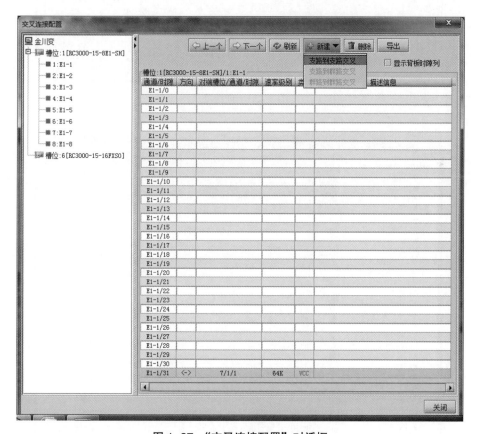

图 1-37　"交叉连接配置"对话框

交叉连接时注意交叉方向为"双向"，交叉级别是"64K"。对于语音业务（FXO、FXS、E&M 等），必须选中"创建信令交叉（E1 端口和语音接口支持）"复选框；对于数据业务，如 RS232、V24、V35、ETH 等则不需要。语音业务可以批量设置，RS232 和 V24 则只能一路一路设置，如图 1-38 所示。

语音交叉连接如图 1-39 所示。

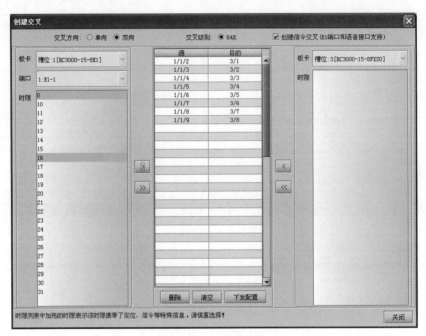

图 1-38　创建交叉

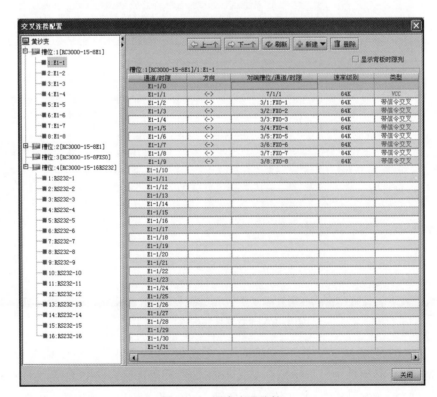

图 1-39　语音交叉连接

RS232 业务配置如图 1-40 所示。

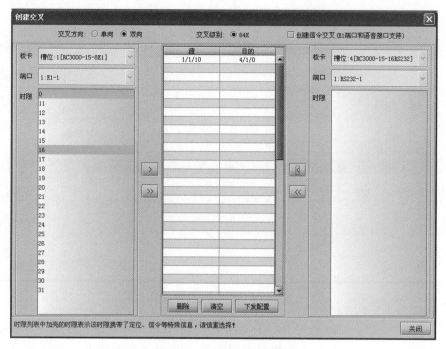

图 1-40 RS232 业务配置

（9）E1 下挂设备管理。如果 RC3000-15/6 通过 E1 或光接口连接 1U RC3000E，则可以通过下挂设备管理来监控到它们，前提是 RC3000E 已经设置了 ID 和波特率。选中 E1 板或光板，在"操作列表"里选择"下挂设备管理"，在弹出的"下挂设备管理"对话框里单击"添加"按钮即可，如图 1-41 所示。

假如 RC3000 系列设备 ID 为 2，则在所下挂的 E1 里填入 2 即可，如图 1-42 所示。

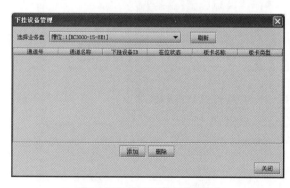

图 1-41 E1 下挂设备管理

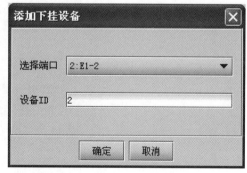

图 1-42 添加下挂设备

在"操作列表"里选择"E1 网管通道配置"，在弹出的"E1 网管通道配置"对话框中设置如下：选择第 2 个 E1，在"网管通道"下拉列表里选择"Sa4 通道"，波特率选择"2400bps"，如图 1-43 所示。

图 1-43　配置 E1 网管通道

上述工作完成后，可以通过 RC3000-15 管理到 RC3000E 设备。在网管界面中会自动出现远端的 1U 设备。所有配置完成后务必保存，断电后所配置业务会消失，如图 1-44 所示。

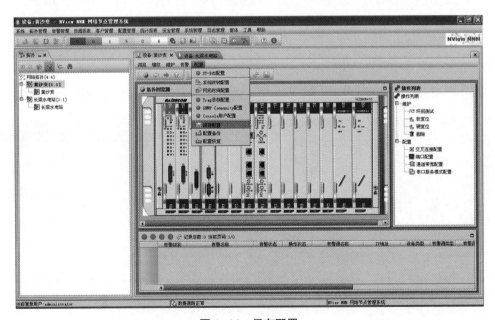

图 1-44　保存配置

第三节　电话交换设备配置

一、教学目标

电话交换设备是电力系统交换网的重要组成部分，专门为电力调度、行政提供独立专用话路，满足用户之间的通话需求。常用的有基于程控交换技术、基于 IP 的网络多媒体业务。本节以调度电话、IMS 行政电话等交换设备为例，介绍调度电话设备、IMS 行政电话等交换设备基本配置。

二、操作步骤和方法

（一）调度电话交换机

1. 连接设备

（1）开终端电源，联机，按 Ctrl+C 组合键。

（2）输入用户名和密码。

Username...?（输入用户名）

Password....?（输入密码）

（3）进入编辑状态。

Good Afternoon，ADMIN，it is 18-APR-2019 15:27:09 THU

Welcome to Harris Administration System，XCPU Version 27.00.02

You are logged on to shelf CC-1

The system status is ACTIVE/STANDBY

...Enter 'HELP' for a menu...

ADMIN...?edt（输入 edt，进入编辑状态）

2. 查询数据库状态

查看数据库的状态命令：

EDT...?show

当数据库显示 "shelf unavailable" 时，表示机架工作状态不正常，不可以用 save、reboot 等命令，否则会引起呼叫处理的中断。

3. 分机操作（EXT)

分机操作最常用的命令是 ADD（增加分机）、DEL（删除分机）、MOD（修改分机属性）、LIST（列出分机属性清单），在操作过程中可使用 help（帮助命令）查看操作命令的帮助信息。

（1）增加一个分机。

EXT...? ADD

Extension number (0–9999)...? xxxx（xxxx 指在 0~9999 的号码段中一个未定义的分机号码）

Extension type...? ACD/AW/CONFKEY/DCA/DATA/HIL/...（增加的分机类型，一般为 STA）

Circuit location...? SH–SL–CI（分机在设备位置，按照机架 – 插槽 – 电路顺序，机架、插槽和电路使用两位数字表示）

COS number (0–255)...? xxx（新增分机使用的一个已定义的服务级别号码）

（2）删除一个分机。

EXT...? DEL

Extension number (0–9999)...? xxxx（xxxx 指在 0~9999 的号码段中一个已定义的分机号码）

4. 电路板操作（BOA）

电路板常用的命令是 ADD（增加电路板）、DEL（删除电路板）、LIST（列出电路板清单）。

（1）增加电路板

BOA...? ADD

Board type...? ALS/DID/DLU/2WEM/GSLS/LU/RTU/T1/2MB...（增加的电路板类型）

SLOT...?（电路板安装的机架—插槽，机架和插槽使用两位数字表示）

（2）删除电路板

BOA...? DEL

SLOT...?（输入电路板位置，如 2–2，表示删除的电路板载 2 号机架 2 号插槽）

（3）列出电路板清单

LIST /ALL 或 LONG（显示所有电路板完整清单）

LIST /SHORT（显示所有电路板简明清单）

LIST shelf/ALL（显示指定机架的所有电路板）

LIST shelf–slot（显示指定机架特定插槽的电路板）

5. 收集路由表操作（COL）

收集路由表常用的命令是 ADD（增加收集路由表）、MOD（修改收集路由表）、DEL（删除收集路由表）、LIST（显示收集路由表信息）。

（1）增加收集路由表

COL...? ADD

Collect & Route name...? xxx（由 1~16 个字符组成的一个未定义收集路由表的名称，有效字符包括字母、数字和—）

SEQ [END] ...?（按 Enter 键编辑具体路由信息，本节不做详细介绍）

Comment ...?（收集路由表注释）

（2）修改收集路由表

COL...? MOD

Collect & Route name...? xxx（要修改的收集路由表表名）

SEQ [END] ...?（由 1~18 个数字和符号组成的序列

REVIEW：查看本表定义模式

REMOVE：删除一个现存的模式

PUGGE：删除本表所有模式

CHANGE：修改数字顺序

END：结束此提示）

If you entered a digit sequence at step 3:

Options [NONE]...?（一个或多个可选项，每个可选项之间用空格符分开）

Destination...?（一个有效目标）

Comment[current comment]...?（关于路由表的注释，按 Enter 键保持现有注释）

（3）删除收集路由表

COL...? DEL

Collect & Route name...? xxx（要删除的收集路由表表名）

如发现收集路由表不能删除，则说明该收集路由表可能被其他收集路由表调用，需删除其他收集路由表调用信息后才能删除。

（4）显示收集路由表信息

LIST ALL（详细显示所有已定义的收集路由表）

LIST /SHORT（简要显示所有已定义的收集路由表）

LIST /FREE（显示所有收集路由表的大小）

LIST table-name（显示指定收集路由表的内容）

LIST table-name/SHORT（显示指定收集路由表的名称和注释）

LIST table-name/FREE（显示指定收集路由表的大小）

6. 去话和来话分析

去话和来话分析主要用于电话交换呼叫异常等情况下查故，因涉及内容和命令较多，故下面只简要介绍几个步骤。

（1）去话分析步骤

按以下顺序依次对每个表进行分析检查：EXT（分机）→ COS（服务等级）→ DIAL（拨号等级）→ COL（收集路由表）→ PAT → FAC（控制级别）→ TRU（中继组）→ BOA（中继板）→出局。

（2）来话分析步骤

按以下顺序依次对每个表进行分析检查：BOA（中继板）→ TRU（中继组）→ COS（服务等级）→ DIAL（拨号等级）→ COL（收集路由表）。

7. 退出系统

在任何命令下，可用 exit 命令退到上一级；若想退出终端，可用命令 exit 一直退到没有出现提示符为止。在终端未退出前不要直接关闭终端电源。

（二）IMS 行政电话

1. 使用 IAD 系统进行配置

（1）登录系统。地址栏中输入：https://IAD 设备 IP 地址 /，输入用户名和密码，登录

eSpace IAD Web 管理系统。

（2）参数配置。选择"基本配置"→"网络参数"，配置 IAD 设备的 IP 地址、子网掩码、默认网关，如图 1–45 所示。

图 1–45　配置 IAD 地址

选择"SIP 业务配置"→"SIP 服务器"，获取方式选择 STATIC，服务器注册模式选择普通模式，响应超时时间（S）设置为 15，修改用户域名和服务器主备 IP 地址，如图 1–46 所示。

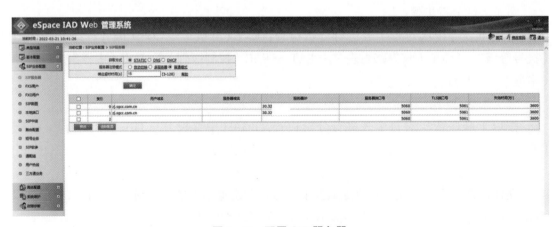

图 1–46　配置 SIP 服务器

选择"SIP 业务配置"→"SIP 软参"，鉴权方式选择用户名，其余选择默认参数，完成后单击"确定"按钮，如图 1–47 所示。

图 1-47　配置 SIP 软参

选择"SIP 业务配置"→"FXS 用户"，在 IAD 设备上注册用户号码，槽位号可通过下拉框选择。每个槽位有 32 个端口，最多可注册 32 个用户，槽位号和端口号均从 0 开始编号。填写用户 ID（如：+955822000）、用户名（如 +955822000@zj.sgcc.com.cn）、密码后，单击"确定"按钮，注册用户，如图 1-48 所示。

图 1-48　注册用户号码

如注册成功，注册状态中将显示"已注册"。如需删除该 IAD 上某号码，可选中号码后，单击"清除配置"按钮。为防止设备断电等情况导致数据丢失，应单击"保存"按钮，保存为运营商配置。

（3）故障处置。

选择"SIP 业务配置"→"FXS 用户"，检查号码注册状态。若号码均为"注册中"且近期未修改配置，则选择"系统维护"→"设备重启"，重启 IAD 设备。

若号码注册正常，则检查呼叫记录和故障信息。选择"故障诊断"→"呼叫记录"，可查询用户呼叫记录，包括主叫号、被叫号、呼叫起始时间、结束时间及挂机原因等信息，如图 1-49 所示。

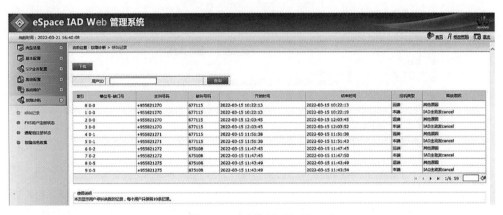

图 1-49　查询呼叫记录

选择"故障诊断"→"故障信息收集"，可查看用户注册状态、当前配置、操作日志及历史告警，方便故障信息收集、原因排查，如图 1-50 所示。

图 1-50　收集故障信息

2. 使用 SPG 系统进行配置

（1）注册 IMS 用户号码。

打开 IE 浏览器，输入 https:// 用户地址 :8543/spg，打开 SPG 登录界面，输入用户名、密码，单击"确定"按钮，登录系统。

选择系统管理菜单中的"业务发放"，选择 ATS_51 网元。在左侧菜单选择"ATS 用户基本信息"→"多媒体用户信息管理"→"修改多媒体用户数据（MOD MSR）"或"查询多媒体用户数据（LST MSR）"。

在"用户公有标识"输入 sip:+ 用户号码 @ 服务器域名，如 sip:+955822865@zj.sgcc.com.cn，查询该号码是否入网注册。若未注册，则选择"多媒体用户信息管理"→"增加多媒体用户数据（ADD MSR）"，加入号码数据，如图 1-51 所示。

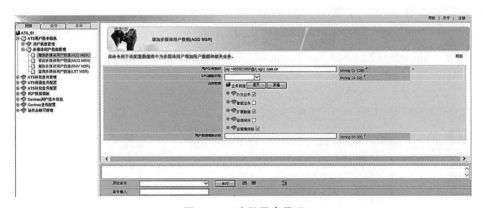

图 1-51　注册用户号码

若号码已注册，则在"修改多媒体用户数据（MOD MSR）"中可配置号码功能。在补充业务菜单中，常用功能为前转、一号通配置；在扩展数据菜单中，常用长途开通配置。

（2）IMS 用户号码前转功能配置。

1）确认呼叫转移功能。

选中用户，选择"修改多媒体用户数据（MOD MSR）"，查看是否选中"呼叫转移"复选框，如图 1-52 所示。

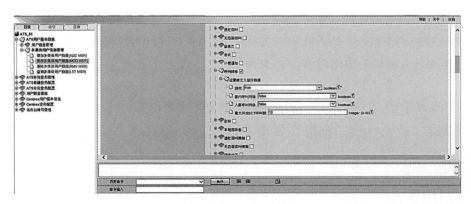

图 1-52　呼叫转移

2）前转配置。

前转配置分为无应答前转（Call Forwarding on No Reply，CFNR）、无条件前转（Call Forwarding Unconditional，CFU）和遇忙前转（Call Forwarding Busy，CFB），可根据实际需要进行选择。

无应答前转是被叫侧业务，指呼叫业务方时，若在一定时间内无应答，则系统将该呼入呼叫转接到预先设定的前转目的号码上。

无条件前转业务是被叫侧业务，指业务方可以将所有的呼叫无条件地转接到预先设定的前转目的号码上，并且此类呼叫无需经过业务方。

遇忙前转业务是被叫侧业务，指呼叫业务方时，业务方正处于忙线状态中，则系统将该呼入呼叫转接到预先设定的前转目的号码上。

以无应答前转为例，设置 955822865 前转至 955822866。选中"前转"→"用户定义部分数据"→"规则集"→"call-forwarding-no-reply"→"行为"→"前转数据"，按 SIP URI 格式输入 sip:+955822866@zj.sgcc.com.cn。单击"执行"按钮，显示"操作成功"即完成配置，如图 1-53 所示。

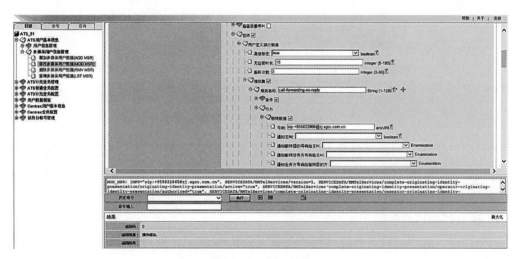

图 1-53　前转设置

（3）配置 IMS 用户号码一号通功能。

以设置号码 955822865 与话机 955822866、手机 13511229999 同振为例。选择一号通，在"用户定义部分数据"中修改激活标志为"true"，在"运营商定义部分数据"中修改授权为"true"，在"规则集"中修改规则名称（注意：第一个字符必须为字母）。选择同振，并按 SIP URI 格式输入话机号码，按 TEL URI 格式输入手机号码。单击"执行"按钮，显示"操作成功"即完成配置，如图 1-54 所示。

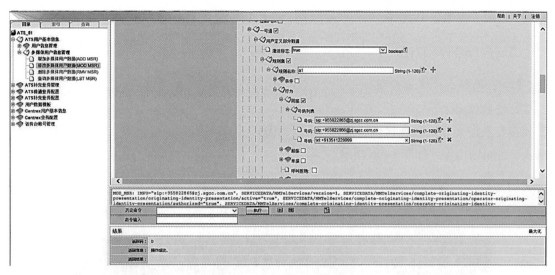

图 1-54　一号通同振设置

（4）配置 IMS 用户号码呼出权限。

以为号码 955822865 开通国内长途权限为例，选择"扩展数据"→"呼出权限"，将需开通的权限修改为"true"。单击"执行"按钮，显示"操作成功"即完成配置，如图 1-55 所示。

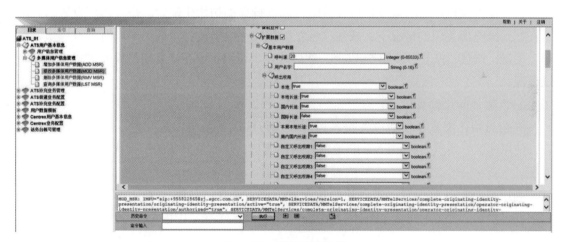

图 1-55　呼出权限设置

第四节　视频会议基本配置

一、教学目标

视频会议可实现即时且互动的沟通，是企业控制成本、提高效益的有效手段，近几年被广泛推广应用。视频会议由视频会议服务器（MCU）、视频会议终端、网络管理系统和传

输网络组成。本节以 Polycom 系列产品为例，介绍视频会议基本配置方法。

二、操作步骤和方法

（一）视频会议终端配置

1. 连接设备

按要求连接好终端连接线，摄像头输入 HDMI、VGA 输入、视频输出 1-3 接口、音频输入、音频输出等，如图 1-56 所示。

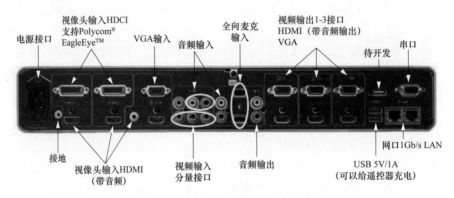

图 1-56　Polycom Group700 背板

系统在首次使用时或恢复出厂设置时，需进行终端初始化配置。恢复出厂设置的方法是：在系统电源关闭的情况下，按住"恢复"按钮（位于设备正面）的同时，按一次"电源"按钮；按住"恢复"按钮 5s 以上，然后放开。切记不要在恢复出厂设置过程中断开系统电源。

2. 终端初始化配置

终端初始化配置是在新设备投入运行时执行的设备基本参数配置，包括配置设备语言、使用地区、站点名称和设备 IP 地址等基础信息，从而使设备的运行状态和会议环境相匹配。

利用遥控板开启设置，进入初始化配置，语言选择"简体中文"，接受 Polycom 最终用户许可协议，完成后进入"高级"配置。国家 / 地区选择"中国"，配置站点名称，单击"下一步"按钮，进入 LAN 设置，输入 IP 地址、子网掩码、默认网关，如图 1-57 所示，并注册。

图 1-57 LAN 设置

3. 高级配置

利用 Web 登录 Polycom 配置系统是针对会议视音频录制和播放相关参数的高级配置，其操作步骤如下。

（1）使用遥控器进入 Web 配置管理界面，选择"设置"→"管理"→"完全"→"远程访问"，勾选"启用 Web 访问""允许在 Web 上显示视频"，完成后保存配置。

（2）使用浏览器（推荐谷歌浏览器）登录 Polycom Group700 终端的 Web 页面，选择"管理设置"→"音频/视频"→"休眠"，将系统休眠的等待时间设为关，如图 1-58 所示。

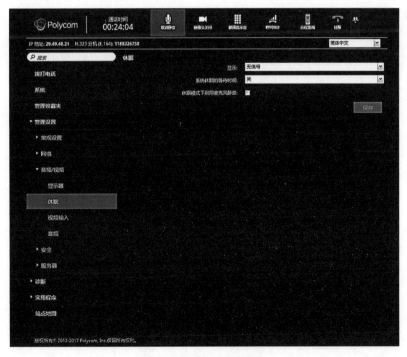

图 1-58 停止系统休眠

终端显示器配置：选择"管理设置"→"音频/视频"→"显示器"，设置终端三路优先输出的视频画面，如图1-59所示。

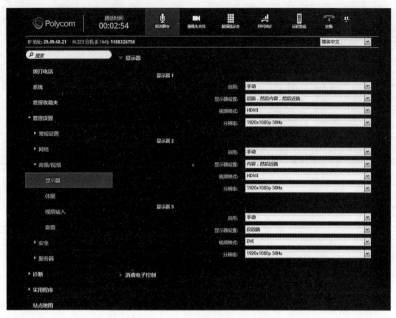

图1-59　配置终端显示器

系统常规设置：选择"管理设置"→"常规设置"，设置终端最长通话时间、自动应答视频。最长通话时间选择"关"，点对点和多点自动应答视频选择"是"，如图1-60所示。

音频配置：选择"管理设置"→"音频/视频"→"音频"，在"音频输入"中选中"回音消除"复选框，如图1-61所示；选择"管理设置"→"音频/视频"→"音频"，在"常规音频设置"里将取消选中"自动接听后音频静音"复选框，如图1-62所示。

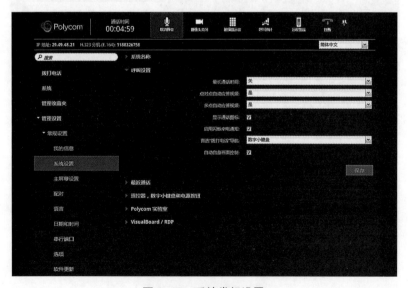

图1-60　系统常规设置

图 1-61 音频配置（去除回音）

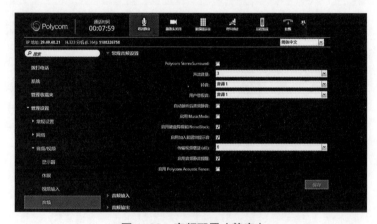

图 1-62 音频配置（静音）

双流设置：选择"远程监视"→"显示内容"，单击 input3 发送双流，再次单击 input3 取消双流，如图 1-63 所示。

图 1-63 双流设置

（二）MCU 配置

1. 添加视频会场

（1）利用 RMX Manager 软件进入视频会场管理，单击"添加 MCU"按钮，在弹出的"添加 MCU"对话框中添加所需要管理的 MCU，如填写 MCU 名称、MCU IP、端口、用户名称、秘密，选中"记住登录"复选框，完成后单击"确认"按钮，如图 1-64 所示。

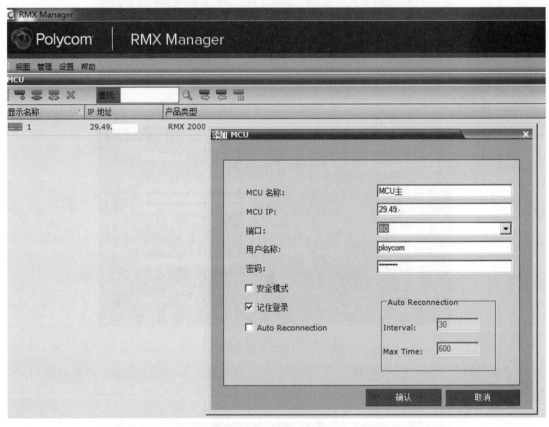

图 1-64　添加 MCU

（2）选中需要连接的 MCU，单击"连接"按钮，连接该 MCU，进入 MCU 相应的管理窗口。

2. 召开会议

（1）进入 MCU 管理界面后，单击"会议"下的绿色加号"新建会议"按钮，进行新建会议操作，开始一个新的会议。单击"新建会议"按钮，在弹出的"新建会议"对话框中填入相应的会议名称（"显示名称"），选中"常设永久会议"复选框，其他使用默认设置，单击"确认"按钮，如图 1-65 所示。

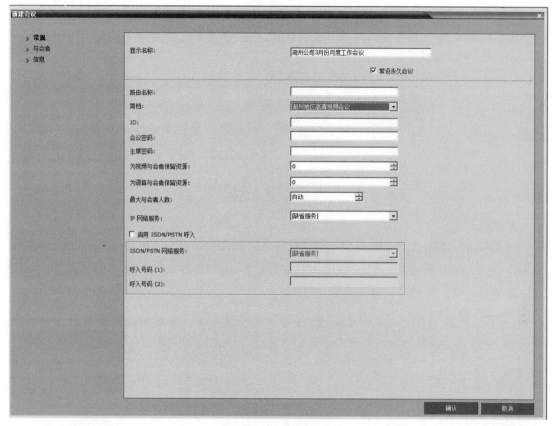

图 1-65　新建会议

（2）会议配置后，在会议下方即可看到新建的会议。选中新建的会议，在右边地址簿选择参会的会场，按住鼠标左键拖拽至中间与会者空白窗口中，如图 1-66 所示。

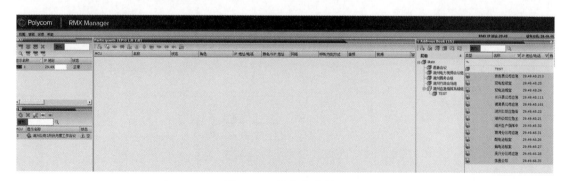

图 1-66　添加与会单位

（3）将参会会场拖拽至与会者窗口后，MCU 主动对这些会场进行连接使其入会。如果参会会场设备已正常开启且网络正常，在"状态"栏就可看到绿色的连接状态，表示该会场已经正常入会；如果设备未正常开启或网络有问题，"状态"栏就会显示已断开状态，此时建议使用 ping 工具查看是否能 ping 通该会场设备，如图 1-67 所示。

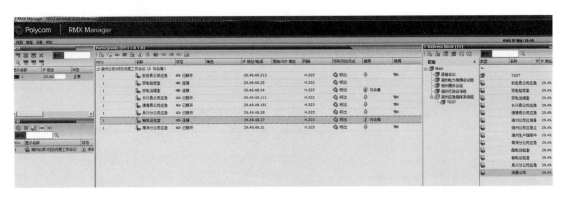

图 1-67　参会状态

3. 会议操作

（1）双击所建的会议，弹出会议属性对话框。配置会议时主要配置"视频设置"选项，如图 1-68 所示，"演讲者"处一般选为主会场，所有分会场全屏观看主会场画面。选择"自动扫描"，主会场可以轮询分会场。

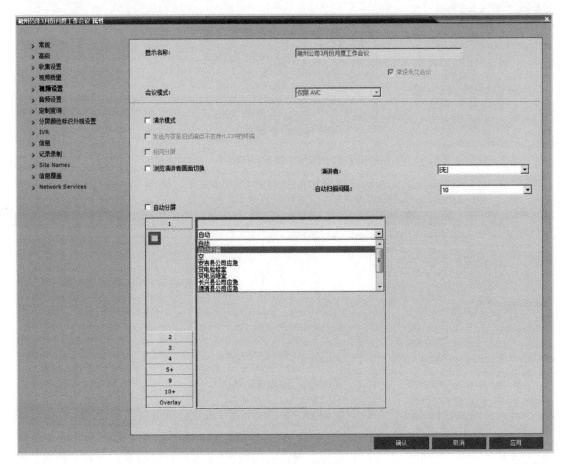

图 1-68　配置会议属性

（2）在"与会者"下方的工具栏也可进行会议的管理操作，选中要操作的用户，单击音频栏话筒图标，可控制与会者是否参与发言，如图1-69。单击状态栏"已断开"图标，可重新连接与会者。

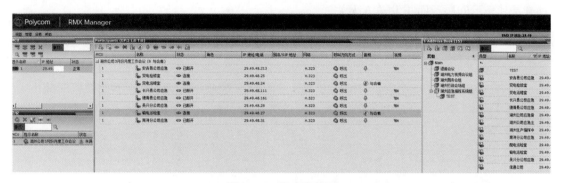

图1-69　与会者控制

（3）若"与会者"一直无法进入会场，在确保网络通畅的情况下，双击无法接入的会场，选择"连接状态"选项，可通过"呼叫中断原因"查看无法接入的原因，如图1-70所示。

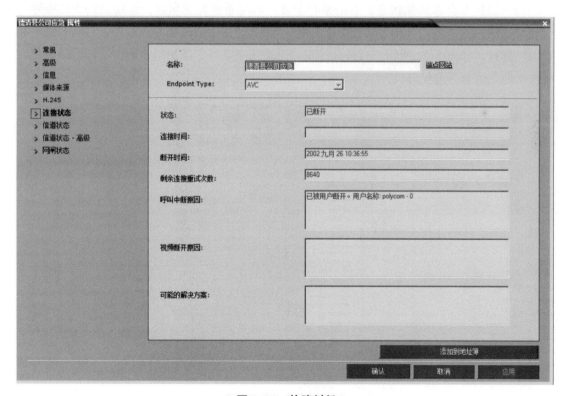

图1-70　故障判断

4. 会议监控

（1）双流监控。一个会议中只能有一个会场发送双流，如果发生多个会场发送双流冲突情况，则后发顶替先发会场的双流。如果参会的会场已发送双流，查看该与会者右边"内容令牌"一栏下是否有对勾出现，如果出现对勾，则说明该会场已经发出双流。这种情况下，假如某会场反映看不到双流画面，在 MCU 上确认有此对勾，则可确定该会场看不到双流是其显示问题，而与发送方无关。

（2）音频监控。"音频"栏禁止标志代表与会者已静音，其中 MCU 上静音等级高于终端麦克风静音等级，如图 1-71 所示。

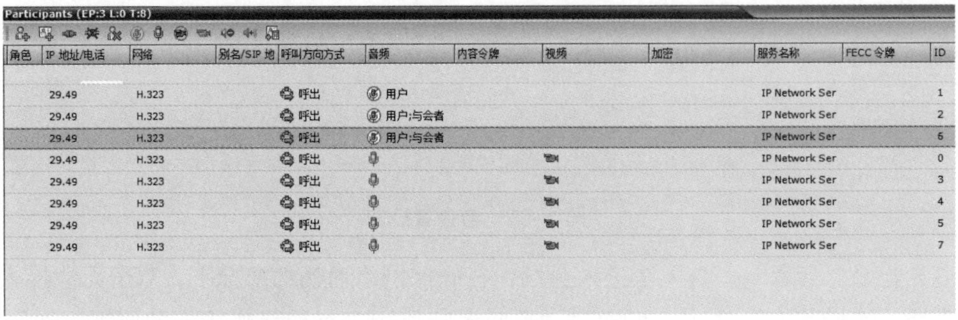

图 1-71　音频监控

（3）监控与会者其他状态。右击某与会者，即可看到此选项簇，常用到的为"查看与会者发送的视频"及"查看与会者接收的视频"，通过这两个选项可以监控该与会者发送和接收的视频，如图 1-72 所示。打开监控窗口时需用浏览器，某些版本的浏览器因缺少相应插件可能无法打开监控窗口。

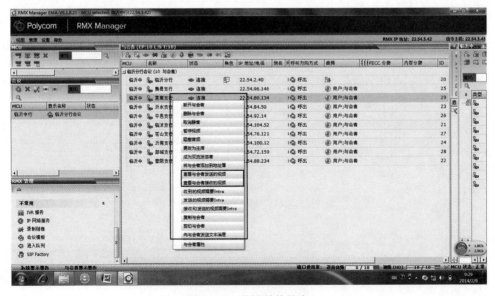

图 1-72　监控其他状态

第五节　交换机配置

一、教学目标

交换机是网络连接时必不可少的设备，是一种用于电（光）信号转发的网络设备，可以为接入交换机的任意两个网络节点提供独享的电信号通道。本节以华为 5700 交换机为例，介绍交换机基本配置方法。

二、操作步骤和方法

1.登录交换机

（1）首次登录交换机时，需要用 Console 进行配置。具体操作是：将 Console 配置线缆的一端（RJ45）连接到交换机的 CON 接口（RJ45）上，将 Console 配置线缆的另一端（DB9）连接到管理 PC 的串行接口（COM）上，如图 1-73 所示。

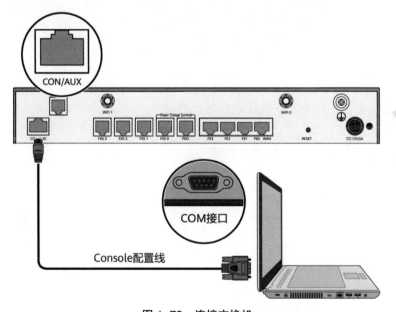

图 1-73　连接交换机

（2）在 PC 上打开终端仿真软件，新建连接，设置连接的接口及通信参数。本节以第三方软件 Secure CRT 为例进行介绍，如图 1-74 所示。

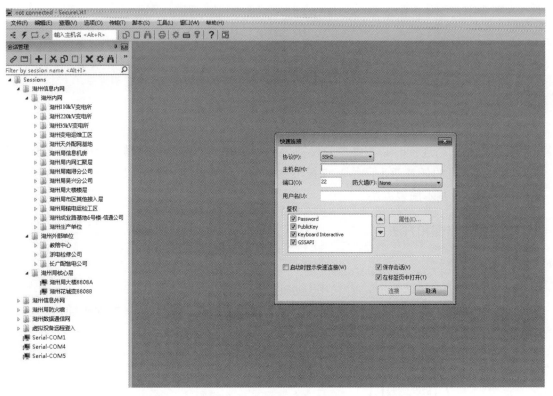

图 1-74　连接 Secure CRT

（3）登录交换机。单击"连接"按钮，终端界面会弹出登录界面，首次登录可在《S5700 系列交换机》文档中获取默认账号与密码信息。

2. 基本配置

配置一：配置 Console 口，如表 1-1 所示。

表 1-1　　　　　　　　　　　　配置 Console 口

步骤	命令	目的
1	\<Huawei>system-view [Huawei]user-interface console 0	1）进入配置模式； 2）进入 Console 口配置模式
2	[Huawei-ui-console0]user privilege level 15 [Huawei-ui-console0]authentication-mode password [Huawei-ui-console0]set authentication password cipherhuawei=0572	1）设置 Console 口登录的权限为最高 15 级权限； 2）认证方式为密码认证，设置认证密码为 cipherhuawei=0572
3	[Huawei-ui-console0]idle-timeout 5 0	设置超时断连功能，增强设备安全性

配置二：配置交换机名、权限、密码及系统时间，如表1–2所示。

表 1–2 配置交换机名、权限、密码及系统时间

步骤	命令	目的
1	\<Huawei> system–view [Huawei]sysname HuZhouBian_5700	1）进入配置模式； 2）完成交换机命名（方便管理员识别和管理设备）
2	\<Huawei> system–view [Huawei]super password level 15 cipher huawei=0572	1）进入配置模式； 2）设置权限和特权密码，便于不同用户分层管理设备默认情况下 15 为最高权限
3	\<Huawei>clock timezone BJ add 08:00:00 \<Huawei>clock datetime 20:10:00 2012–07–26	1）设置系统的时区，即参考标准； 2）设置系统的日期、时间

配置三：采用 Telnet/SSH–AAA 远程登录认证方式进行配置，如表 1–3 所示。

表 1–3 采用 Telnet/SSH–AAA 远程登录认证方式进行配置

步骤	命令	目的
1	\<Huawei>system–view [Huawei]user–interface vty 0 4 [Huawei-ui-vty0-4] idle–timeout 5 0 [Huawei-ui-vty0-4]user privilege level 3	1）进入配置模式； 2）进入 vty 用户界面配置模式，设置用户超时断连功能，设置用户登录的权限为最高 3 级权限
2	[Huawei-ui-vty0-4]authentication–mode aaa [Huawei-ui-vty0-4]protocol inbound telnet/SSH [Huawei-ui-vty0-4]acl 2002 inbound	1）设置 vty0–4 用户的认证方式为 aaa 认证； 2）设置 vty0–4 用户的远程登录模式为 telnet/SSH 模式； 3）引用访问控制列表 acl 对远程用户进行接入
3	[Huawei]stelnet server enable [Huawei]stelnet server enable	1）开启设备的 Telnet 服务； 2）开启设备的 SSH 服务
4	[Huawei]acl 2002 [Huawei-acl-basic-2002]description acl_telnet [Huawei-acl-basic-2002]rule permit source10.147.158.59 0	1）配置基础访问控制列表 acl； 2）对访问控制列表进行描述说明； 3）配置访问控制列表的源地址 IP

配置四：配置 AAA 认证如表 1–4 所示。

表 1-4　　　　　　　　　　　　　　　配置 AAA 认证

步骤	命令	目的
1	<Huawei>system-view [Huawei]hwtacacs enable	1）进入配置模式； 2）使能 HWTACACS 认证功能
2	[Huawei]hwtacacs-server template ht [Huawei-hwtacacs-ht]hwtacacs-server authentication 10.147.158.5 49 [Huawei-hwtacacs-ht]hwtacacs-server shared-key cipher huzpepc	1）配置 HWTACACS 服务器模板 ht； 2）配置 HWTACACS 认证服务器的 IP 地址和端口； 3）配置 HWTACACS 的共享密钥
3	[Huawei]aaa [Huawei-aaa]authentication-scheme hz [Huawei-aaa-authen-hz]authentication-mode hwtacacs local [Huawei-aaa-authen-hz]authentication-super hwtacacs super	1）配置 AAA 模式； 2）配置认证方案 hz： 3）认证模式为先进行 HWTACACS 认 证，后进行本地认证； 4）特权模式的认证模式为先进行 HWTACACS 认证，后进行 super 认证
4	[Huawei]aaa [Huawei-aaa]domain huawei [Huawei-aaa-domain-huawei]authentication-scheme hz [Huawei-aaa-domain-huawei]hwtacacs-server ht	1）配置 AAA 模式； 2）创建一个 huawei 域，在 huawei 域下，采用 hz 认证方案，采用 ht 的 HWTACACS 模板
5	[Huawei]aaa [Huawei-aaa]local-user admin password irreversible- cipher huawei=0572 [Huawei-aaa]local-user admin service-type ssh [Huawei-aaa]local-user admin privilege level 3	1）配置 AAA 模式； 2）设置本地用户名和密码； 3）设置本地用户的方式为 SSHv 方 式； 4）设置本地用户登录的权限为最高 3 级权限

配置五：交换机二层 / 三层功能基础配置。

配置管理地址及默认路由，如表 1-5 所示。

表 1-5　　　　　　　　　　　　　　配置管理地址及默认路由

步骤	命令	目的
1	[Huawei]interface vlan 1 [Huawei-interface]description .... [Huawei-interface]ip address 10.147.135.100 255.255.255.0 [Huawei-interface]ip add 10.147.134.1 255.255.255.0 secondary	1）进入接口配置模式，配置虚拟接 口 vlan1，对此接口进行描述； 2）配置虚拟接口 vlan 1 的 IP 地址段； 3）配置第二个地址段，注意同一个三层接 口下的网段数据转发通过 MLS 转发，不会通 过 CEF 转发，所以 secondary 地址段尽量控制 在两个以内（选配）

续表

步骤	命令	目的
2	[Huawei]ip route–static 0.0.0.0 0.0.0.0 10.147.149.1	配置二层交换机的网关地址，所有跨网段数据通信都将通过默认网关发送。当二层交换机未启用 IP Routing 时，可以用 IP default–gateway 命令设置网关

配置二层交换机接口模式，如表 1–6 所示。

表 1–6   配置二层交换机接口模式

步骤	命令	目的
1	[Huawei]vlan 13 [Huawei–vlan]name vlan 13	在交换机建立 vlan13，给创建的 vlan13 命名
2	[Huawei]interfacefastEthernet 0/13 [Huawei–interface]port link–type access [Huawei–interface]port default vlan 13	1）进入以太网 13 号接口视图下； 2）将接口类型设为接入模式； 3）将接口划入某个交换机本地建立的 vlan 局域网中
3	[Huawei]interfacefastEthernet 0/14 [Huawei–interface]port link–type trunk [Huawei–interface]port trunk allow–pass vlan 2 to 4094	1）进入以太网 14 号接口视图下； 2）将接口配置为干道模式； 3）允许所有 vlan 通过

配置交换机生成树协议（Spanning Tree Protocol，STP），华为 / 华三交换机默认启动 STP。

表 1–7   配置交换机生成树协议

步骤	命令	目的
1	[Huawei]interfacefastEthernet 0/14 [Huawei–interface]stp edged–port enable [Huawei–interface]stp bpdu–filter enable	1）进入以太网 14 号接口视图下： 2）将端口配置成边缘端口，不参与生成树计算； 3）启用接口的 BPDU 过滤功能（此部分配置是为了优化二层网络，避免环路产生）
2	[Huawei]stp enable [Huawei]stp mode rstp [Huawei]stp vlan 2 root primary [Huawei]stp vlan 3 root secondary	1）使能交换机的快速生成树协议 RSTP； 2）将此交换机设置为 vlan 2 的根桥； 3）将此交换机设置为 vlan 3 的备桥

配置六：配置三层路由，如表 1-8 所示。

表 1-8　　　　　　　　　　　　　配置三层路由

步骤	命令	目的
mode1	[Huawei]ip route-static 10.0.0.0 255.0.0.0 10.147.149.1	采用静态路由，下一跳要用地址表示，不要用端口
mode2	[Huawei]ip route-static 0.0.0.0 0.0.0.0 10.147.149.1	配置默认路由，一般用作接入交换机的网关
mode3	[Huawei]ospf 100 router-id 172.31.216.224 [Huawei]ospf 100 [Huawei-ospf] area 0.0.0.12 [Huawei-ospf-0.0.0.12] network 172.31.210.181 0.0.0.0	1）采用动态路由，启动 OSPF 路由进程 100 并配置路由器 ID 172.31.216.224； 2）配置 OSPF 的区域 12； 3）将接口地址在 OSPF 路由协议中发布

配置七：设备运行优化及安全加固配置，如表 1-9 所示。

表 1-9　　　　　　　　　　　设备运行优化及安全加固配置

步骤	命令	目的
1	[Huawei] undo http server enable [Huawei] undo http secure-server enable	1）关闭 http 服务功能，不可以通过浏览器输入设备的 IP 地址来访问 Web 网管系统管理的设备，增加设备安全性； 2）关闭 https 服务功能
2	[Huawei]info-center loghost 10.147.158.5	系统日志文件上传至日志服务器，便于运维人员查看设备产生的日志
3	[Huawei]ntp-service unicast-server 10.137.252.67	配置 ntp 时钟服务器的地址，使全网的时钟同步
4	[Huawei]acl number 2000 [Huawei-acl]acl rule 5 permit source 10.147.158.195 0 [Huawei]snmp-agent [Huawei]snmp-agent community read cipher hu_info acl 2000 [Huawei]snmp-agent sys-info version all	1）定义 ACL，只允许部分地址（网管机）能读取 SNMP 属性； 2）开启 SNMP 功能； 3）配置 SNMP 字符串，只读功能，且只有 ACL 允许的地址才能读取路由器 SNMP 信息； 4）SNMP 服务允许所有版本（V1/V2/V3）

第六节　防火墙配置

一、教学目标

防火墙（Firewall）也称防护墙，由 Check Point 创立者 Gil Shwed 于 1993 年发明并引入国际互联网［US5606668（A）1993-12-15］。防火墙是一种访问控制设备，位于不同的安全域网络（内部网络与外部网络）之间，能根据企业有关的安全策略控制（允许、拒绝、监视、记录）进出网络的访问行为。本节以东软 5800 防火墙为例介绍防火墙的基本配置方法。

二、操作步骤和方法

东软防火墙采用 Web 方式进行管理，其最基本的操作就是访问策略配置（查询、添加、复制、删除、编辑、启用/停用），其他高级操作包括 IP 地址对象配置、主备防火墙策略同步和策略备份。

1. 登录系统

在地址栏中输入：https://防火墙 IP 地址/，输入用户名和密码，登录 Neusoft Firewall 管理系统，可以获取管理的防火墙基本信息，如型号、软件名称、软件版本、序列号、资源使用情况等，如图 1-75 所示。

图 1-75　系统信息

2. 策略配置

选择"防火墙"→"访问策略"，进入访问策略列表，显示所有定制的访问策略，包括序号、策略名称、源安全域、源 IP、目的安全域、目的 IP/域名、服务、动作、启用情况、命中次数等，可进行新增、删除、修改等操作如图 1-76 所示。防火墙的工作原理是针对经过它的网络通信事件，按照序号从小到大的顺序逐条匹配策略，一旦命中，就执行该策略的动作（允许/拒绝），并停止匹配。

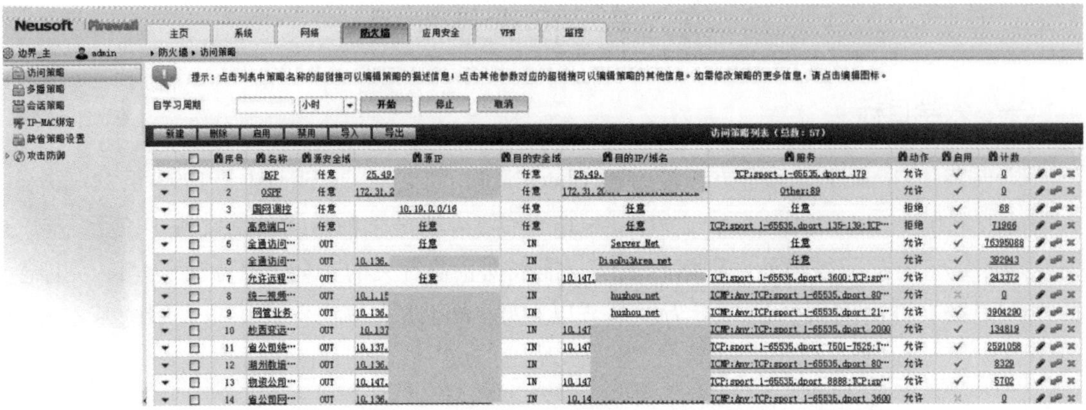

图 1-76　访问策略

新增访问策略：单击"新建"按钮，输入序号、策略名称，选中产生日志、源安全域、源 IP、目的安全域、目的 IP/ 域名、服务、动作，完成后进行确认。若需要时间控制，还需选中"时间表"复选框，可定制循环或单次起效，如图 1-77 所示。如指定的序号已经被使用，则新添加的策略会抢占该序号，被抢策略及后续策略的序号就会自动向后移，即新增策略插入在指定位置。

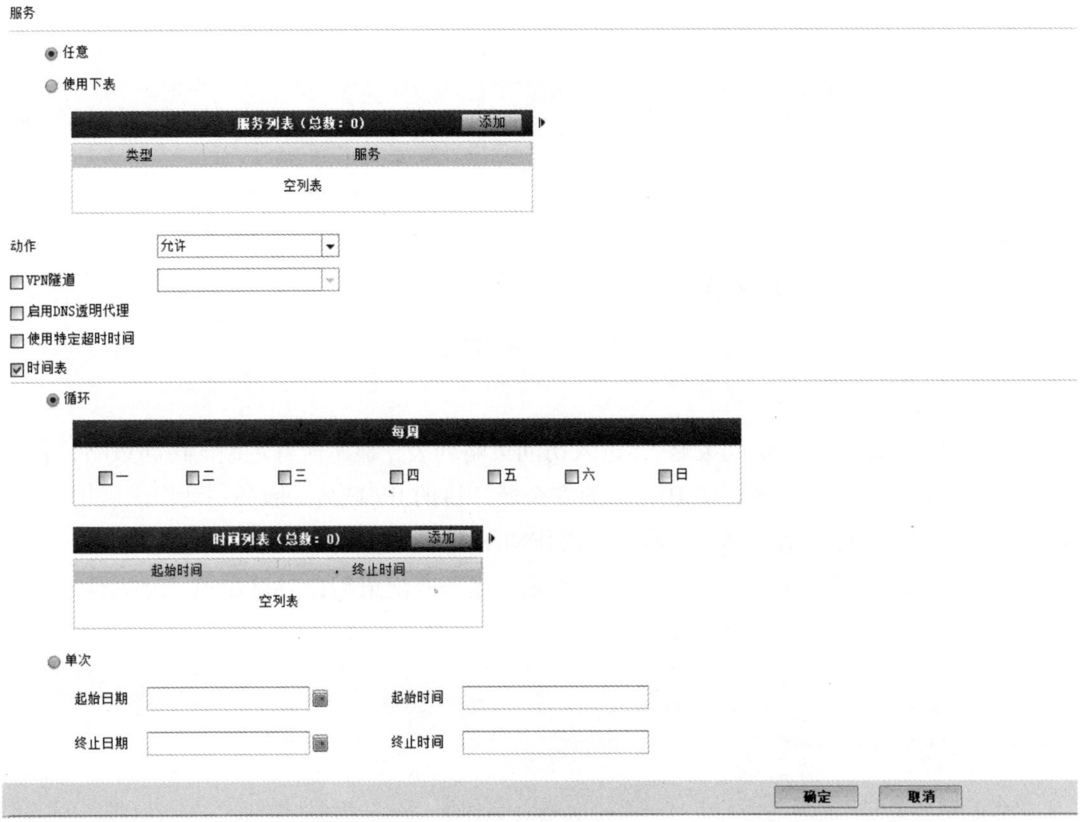

图 1-77　访问策略

安全域可以选择 OUT 或 IN（外部网络或内部网路），视具体的访问需求而定。源 IP 地址有四种配置方法：①什么都不填，即 ANY（允许任何地址）；②IP 地址对象，即预先设置好的 IP 地址组，可以在多个策略中引用，不需要重复设置；③IP 地址范围，可以设置单个 IP 地址（只填写起始 IP 地址，不填写终止 IP 地址），也可以设置一段连续的 IP 地址；④IP 地址和掩码，通过指定网络地址和掩码，可以配置一个 IP 地址段。

服务有任意、使用下表（对象、对象组、自定义）配置两种。其中，对象是通过指定系统预定义对象，如 HTTP、SSH 等；自定义是通过指定协议、源端口号和目的端口号预定义对象。这是一种更加灵活的配置方式，用于配置特殊的网络业务。一般情况下，源端口号可以配置为 1~65535，目的端口号需要明确指定（可以指定单个，也可以指定连续的多个），如图 1-78 所示。

图 1-78 自定义服务

删除访问策略：选中需要删除的访问策略，单击右侧红色"删除"按钮，确认后完成删除。

修改访问策略：选中需要修改的访问策略，单击右侧笔形"修改"按钮，确认后完成修改。

启用策略：选中需要启用的访问策略，单击"启用"按钮即可。启用后所显示的策略启用项为绿色"√"，否则为灰色"×"。

第七节 服务器安全加固

一、教学目标

服务器是计算机的一种，具有高速的 CPU 运算能力、长时间的可靠运行能力、强大的 I/O 外部数据吞吐能力及更好的扩展性。一般来说，服务器都具有承担响应服务请求、承担服务、保障服务的能力，是信息网络的核心。本节以 Linux CentOS 6.0、Windows 2008 Server 为例，从账号权限、访问控制、禁用或停止服务、网络加固等方面介绍服务器加固要点。

二、操作步骤和方法

（一）Linux CentOS 6.0

1.账号权限加固

系统管理员需要对操作系统用户、用户组进行权限设置，应用系统用户和系统普通用户权限的定义遵循最小权限原则，删除系统多余用户，避免使用弱口令。

（1）配置账号权限。系统管理员需要与应用管理员沟通，确认该操作系统必须使用的账号并确定其账号名称、权限，确定账号列表。删除自建的无用账号，对系统默认的无用账号使用"#"注释禁用，或使用 usermod - L username 命令禁用，如图 1-79 所示。

```
root:x:0:0:root:/root:/bin/bash
bin:x:1:1:bin:/bin:/sbin/nologin
daemon:x:2:2:daemon:/sbin:/sbin/nologin
#adm:x:3:4:adm:/var/adm:/sbin/nologin
#lp:x:4:7:lp:/var/spool/lpd:/sbin/nologin
#sync:x:5:0:sync:/sbin:/bin/sync
#shutdown:x:6:0:shutdown:/sbin:/sbin/shutdown
#halt:x:7:0:halt:/sbin:/sbin/halt
mail:x:8:12:mail:/var/spool/mail:/sbin/nologin
#uucp:x:10:14:uucp:/var/spool/uucp:/sbin/nologin
operator:x:11:0:operator:/root:/sbin/nologin
#games:x:12:100:games:/usr/games:/sbin/nologin
#gopher:x:13:30:gopher:/var/gopher:/sbin/nologin
ftp:x:14:50:FTP User:/data:/sbin/nologin
nobody:x:99:99:Nobody:/:/sbin/nologin
vcsa:x:69:69:virtual console memory owner:/dev:/sbin/nologin
saslauth:x:499:76:"Saslauthd user":/var/empty/saslauth:/sbin/nologin
postfix:x:89:89::/var/spool/postfix:/sbin/nologin
sshd:x:74:74:Privilege-separated SSH:/var/empty/sshd:/sbin/nologin
oracle:x:500:501::/home/oracle:/bin/bash
dbus:x:81:81:System message bus:/:/sbin/nologin
rpc:x:32:32:Rpcbind Daemon:/var/lib/rpcbind:/sbin/nologin
```

图 1-79　禁用无用账号

（2）配置账号口令。修改账号口令，确保系统账号口令长度和复杂度满足安全要求，为空口令用户设置密码。查看 /etc/passwd 文件及 /etc/shadow 文件，其中 /etc/passwd 文件中最后一个字段非 "/sbin/nologin"，而 /etc/shadow 中第二个字段为 "!!" 的用户为空口令用户，使用 "passwd 账户名" 为账号设置强口令密码。

（3）禁用或删除非 root 的超级用户。查看 /etc/passwd 文件，如发现非 root 用户的 gid 为 0，如：

test:x:0:500:mysql:/home/mysql:/bin/bash，则该账号拥有了 root 权限，使用 "userdel 账户名" 进行删除。

（4）禁止系统伪账户登录。查看 /etc/passwd 文件，如发现登录名不同而 uid 相同的账户即为伪账户。例如，以下的 test 即为冒用 oracle 账户的伪账户：

mysql:x:500:500:mysql:/home/mysql:/bin/bash

test:x:500:501::/home/test:/bin/bash

这些账户可能是冒用他人身份信息的账号，使用"userdel 账户名"进行删除。

（5）防止普通用户获取管理员权限。修改 /etc/pam.d/su 配置文件，将 auth required pam_wheel.so use_uid 前面的"#"注释删除。修改 /etc/group，允许 su 到 root 的账户加入 wheel 组，如 wheel:x:10:oracle 可以使 oracle 账户 su 到 root。

（6）设置口令复杂度。Linux 操作系统中，口令复杂度通常使用 pam 认证实现。按照国家电网公司对信息系统密码复杂度的要求，操作系统应使用 8 位以上，包含字母、数字和特殊字符的口令。

修改 /etc/pam.d/passwd 文件，添加下行：

password required pam_cracklib.so dcredit=−1 ucredit=−1 ocredit=−1 lcredit=−1 minlen=8

其中，dcredit=−1 表示至少包含 1 个数字，ucredit=−1 表示至少包含 1 个大写字母，lcredit=−1 表示至少包含 1 个小写字母，ocredit=−1 表示至少包含 1 个特殊符号，minlen=8 表示密码长度至少 8 位。

第七步：设置账号锁定策略。账号密码输错 5 次后锁定账号 30min，修改 /etc/pam.d/login 文件，添加下行：

auth required pam_tally2.so deny=4 even_deny_root unlock_time=1800 root_unlock_time =1800

其中，deny=4 表示允许输错 4 次，当第 5 次输错时将会锁定账号，系统会提示 Account locked due to 5 failed logins 。even_deny_root 表示锁定策略对 root 账号也生效，unlock_time=1800 表示普通用户锁定时间为 1800s（30min），root_unlock_time=1800 表示 root 用户锁定时间为 1800s（30min）。

设置密码可以使用的时间，修改 /etc/login.defs 文件，设置 PASS_MAX_DAYS 90（用户密码最长使用天数）、PASS_MIN_DAYS 0（用户密码最短使用天数）、PASS_WARN_AGE 7（用户密码到期提前提醒天数）。

以上密码使用时间的设置仅对新建账号起作用，如果需要修改已经存在账号的密码使用时间，需要修改 /etc/shadow 文件。以下为 /etc/shadow 中的 test 账户信息：

test:$6$7BEUS9QD$zV0fX1gSVDlWB5ecNnqrgc8YWThHf9xiJhwJeJHU3zIf　　LlIiD0RkQ1i JrZsWCJmCV5UqaAfZC1otl4PZdQyAx1:17417:0:99999:7:::

其中，最后 3 个数字即为密码最短使用天数、密码最长使用天数和密码到期提前提醒天数。以下修改将使用户密码最长使用天数修改为 90 天：

test:$6$7BEUS9QD$zV0fX1gSVDlWB5ecNnqrgc8YWThHf9xiJhwJeJHU3zIfLlIiD0RkQ1iJrZs WCJmCV5UqaAfZC1otl4PZdQyAx1:17417:0:90:7:::

2. 访问权限加固

合理设置系统中重要文件的访问权限，只授予必要的用户必需的访问权限。配置系统重要文件的访问控制策略，严格限制访问权限（如读、写、执行），避免被普通用户修改和删除。

使用 ls－al 命令查看重要系统文件，如 /etc/passwd、/etc/shadow、/etc/group、/etc/gshadow 等，确认其文件权限符合要求，不能被普通用户随意更改。

使用“chattr +i 文件名”设置重要文件的权限，不允许任何人修改，如 chattr +i /etc/shadow 可以限制用户修改账户密码。因为在设置后包括 root 在内的所有用户均不能修改，所以需要在每次进行系统改动时使用“chattr –i 文件名”命令解除限制，修改完成再加回来。

修改重要文件或目录的访问权限，避免普通用户随意访问。例如，chmod–R 700 /etc/rc.d/init.d/* 可以限制普通用户启停关键服务。Linux 操作系统中，/usr/bin、/bin、/sbin 目录为可执行文件目录，/etc 目录为系统配置目录，包括账户文件、系统配置、网络配置文件等。这些目录和文件相对重要，需要确认这些配置文件的权限设置是否安全。

设置合理的初始文件权限，修改 /etc/bashrc 文件下的系统 umask 值，由默认的 022 修改为 027。修改后系统新建的文件默认权限变为 640，文件夹为 750，可以避免无关用户修改或访问文件。

3. 停止或禁用服务

在不影响业务系统正常运行情况下，停止或禁用与承载业务无关的服务，可以避免这些无用的服务成为网络攻击的目标，同时减少系统资源的浪费。

（1）使用 chkconfig 命令查看系统服务启动情况，如图 1–80 所示。

```
[root@oracle_restore ~]# chkconfig
auditd          0:off   1:off   2:on    3:on    4:on    5:on    6:off
blk-availability        0:off   1:on    2:on    3:on    4:on    5:on    6:off
crond           0:off   1:off   2:on    3:on    4:on    5:on    6:off
ip6tables       0:off   1:off   2:on    3:on    4:on    5:on    6:off
iptables        0:off   1:off   2:on    3:on    4:on    5:on    6:off
lvm2-monitor    0:off   1:on    2:on    3:on    4:on    5:on    6:off
mdmonitor       0:off   1:off   2:on    3:on    4:on    5:on    6:off
messagebus      0:off   1:off   2:on    3:on    4:on    5:on    6:off
netbackup       0:off   1:off   2:on    3:on    4:off   5:on    6:off
netconsole      0:off   1:off   2:off   3:off   4:off   5:off   6:off
netfs           0:off   1:off   2:off   3:on    4:on    5:on    6:off
network         0:off   1:off   2:on    3:on    4:on    5:on    6:off
nfs             0:off   1:off   2:off   3:off   4:off   5:off   6:off
nfslock         0:off   1:off   2:off   3:on    4:on    5:on    6:off
nmb             0:off   1:off   2:off   3:off   4:off   5:off   6:off
postfix         0:off   1:off   2:off   3:off   4:off   5:off   6:off
rdisc           0:off   1:off   2:off   3:off   4:off   5:off   6:off
restorecond     0:off   1:off   2:off   3:off   4:off   5:off   6:off
rpcbind         0:off   1:off   2:on    3:on    4:on    5:on    6:off
rpcgssd         0:off   1:off   2:off   3:on    4:on    5:on    6:off
rpcsvcgssd      0:off   1:off   2:off   3:off   4:off   5:off   6:off
rsyslog         0:off   1:off   2:on    3:on    4:on    5:on    6:off
saslauthd       0:off   1:off   2:off   3:off   4:off   5:off   6:off
smb             0:off   1:off   2:off   3:off   4:off   5:off   6:off
sshd            0:off   1:off   2:on    3:on    4:on    5:on    6:off
sysstat         0:off   1:on    2:on    3:on    4:on    5:on    6:off
udev-post       0:off   1:on    2:on    3:on    4:on    5:on    6:off
vsftpd          0:off   1:off   2:off   3:off   4:off   5:off   6:off
vxpbx_exchanged 0:off   1:off   2:on    3:on    4:on    5:on    6:off
winbind         0:off   1:off   2:off   3:off   4:off   5:off   6:off
xfs             0:off   1:off   2:off   3:off   4:off   5:off   6:off
```

图 1–80　查看服务启动情况

其中，1~6 表示 Linux 启动级别，默认启动级别为 3。

（2）关闭无用服务。使用 service 命令关闭服务，并使用 chkconfig 命令禁止系统重启后服务自启动。图 1-81 所示禁用了 cups 服务。

```
[sql@admin ~]$ service network stop
Stopping network (via systemctl):                    [   确定   ]
[sql@admin ~]$ service network off
```

图 1-81 关闭无用服务

建议保留 atd、crond、irqbalance、microcode_ctl、network、sshd、syslog 服务，其他服务如果没有特殊要求均可先关闭，有需求时再打开。

4. 网络访问控制

（1）删除 Telnet 服务。Telnet 是明文传输的远程登录软件，容易成为网络攻击的目标，应使用 rpm –e telnet–server 命令删除该服务。

（2）加固 SSH 服务。Linux 操作系统默认安装了安全的远程登录软件 OpenSSH，用户可以使用 Secure CRT 等软件远程登录系统。通过对默认的 SSH 服务配置进行修改，可以进一步提高系统的安全性。

使用 vi /etc/ssh/sshd_config 编辑 SSH 配置文件并做如下修改：

#Protocol 2，1 修改为 Protocol 2。禁止使用有风险的 SSH v1 登录。

#PermitEmptyPasswords no 修改为 PermitEmptyPasswords no。禁止空口令登录。

#Port 22 修改为 Port 10022。将 SSH 默认访问端口 22 修改为 10000 以上的端口。

#PermitRootLogin yes 修改为 PermitRootLogin no。禁止 root 远程登录系统。

修改完成后，使用 service sshd restart 命令重启 OpenSSH 服务。

（3）限制远程访问 IP。设置访问控制策略，限制能够访问本机的用户或 IP 地址，禁止无关用户远程访问服务器。

以 SSH 服务为例，修改 /etc/hosts.deny 文件，在文件最后添加 sshd: ALL；修改 /etc/hosts.allow 文件，在文件最后添加 sshd: 192.168.1.100。这样除了 192.168.1.100 外，其他 IP 地址均无法用 SSH 登录服务器。

（二）Windows 2008 Server

1. 配置补丁更新

配置 Windows Update，单击"开始"按钮，选择"控制面板"→"系统和安全"→"Windows Update"，如图 1-82 所示，单击"检查更新"按钮，可查看补丁更新情况；更改设置，可确定补丁更新频度、时间等重要信息。

图 1-82　Windows Update

对于非连接互联网计算机，需要指定相关补丁发布服务器。具体操作是：单击"开始"按钮，在搜索程序和文件框中输入 gpedit.msc，按 Enter 键，打开本地组策略编辑器；选择"计算机策略"→"管理模板"→"Windows 组件"→"Windows Update"，配置指定 Intranet Microsoft 更新服务位置，选中"已启用"单选按钮，输入设置检测更新的 Intranet 更新服务、设置 Intranet 统计服务器，完成后单击"应用"按钮，如图 1-83 所示。

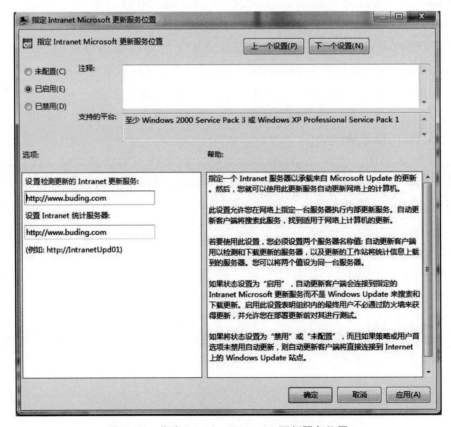

图 1-83　指定 Intranet Microsoft 更新服务位置

2. 配置账户权限

单击"开始"按钮，在搜索程序和文件框中输入 Compmgmt.msc，按 Enter 键，打开"计算机管理"窗口，选择"系统工具"→"本地用户和组"→"用户"，配置账户权限，如图 1-84 所示。设置密码：选中账号，右击，在弹出的快捷菜单中选择"设置密码命令"，输入新密码。账号改名：选中账号，右击，在弹出的快捷菜单中选择"重命名"命令，即可修改账号名称。禁用账号：双击账号，选择"账户已禁用"，单击"应用"按钮。原则上，所有账号口令均满足强口令要求，管理员账号必须更改名称，Guest 账号更改密码后再禁用。

图 1-84 用户管理

3. 配置账户策略

单击"开始"按钮，在搜索程序和文件框中输入 Secpol.msc，按 Enter 键，打开"本地安全策略"窗口。选择"账户策略"→"密码策略"，启用密码必须符合复杂性要求，密码长度最小值为 8 个字符，密码最短使用期限为 30 天，密码最长使用期限为 90 天，如图 1-85 所示。选择"账户锁定策略"，账户锁定时间为 30min，账户锁定阈值为 5 次无效登录，复位账户锁定计数器为 30min。

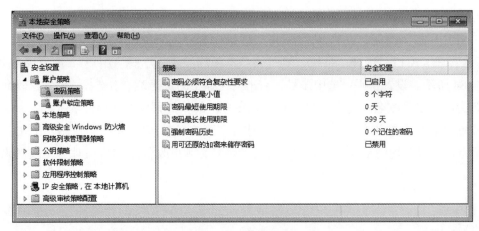

图 1-85　账户管理

4. 最小化服务

单击"开始"按钮,在搜索程序和文件框中输入 Services.msc,按 Enter 键,打开"服务"窗口。为提高计算机安全性,Application Layer Gateway Service、Background Intelligent Transfer Service、Computer Browser、DHCP Client、Diagnostic Policy Service、Distributed Transaction Coordinator、DNS Client、Distributed Link Tracking Client、Remote Registry、Print Spooler、Server、Shell Hardware Detection、TCP/IP NetBIOS Helper、Task Scheduler、Windows Remote Management、Workstation 均应设置成禁用。操作:双击要禁用的服务,将启用类型改成"手动","服务状态"中单击"停止"按钮,完成后单击"确定"按钮,如图 1-86 所示。

图 1-86　服务管理

5. 配置审核策略

单击"开始"按钮，在搜索程序和文件框中输入 Secpol.msc，按 Enter 键，打开"本地安全策略"窗口，选择"本地策略"→"审核策略"，如图 1-87 所示。

审核策略更改：成功。

审核登录事件：成功、失败。

审核对象访问：无审核。

审核进程跟踪：无审核。

审核目录服务访问：无审核。

审核特权使用：无审核。

审核系统事件：成功、失败。

审核账户登录事件：成功、失败。

审核账户管理：成功、失败。

图 1-87　审核策略

6. 配置 Windows 防火墙

单击"开始"按钮，选择"控制面板"→"系统和安全"→"Windows 防火墙"，进入"打开或关闭 Windows 防火墙"窗口，启用家庭或工作（专用）网络、公用网络的 Windows 防火墙。

配置防火墙策略：单击"Windows 防火墙高级设置"，可配置入站规则和出站规则，如图 1-88 所示。可选用常见出入站规则，也可新建入站规则，限制部分端口。

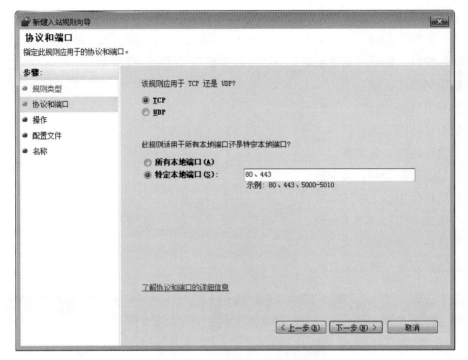

图 1-88 设置防火墙入站规则

第八节 桌面计算机安全加固

一、教学目标

桌面计算机是一种信息处理机，是用户常用的终端信息设备，常用的操作系统为 Windows 系列。本节以 Windows 7 为例，介绍桌面计算机安全加固要点。

二、操作步骤和方法

1. 落实计算机实名制

选中计算机桌面的"计算机"图标，右击，在弹出的快捷菜单中选择"属性"命令，单击"高级系统设置"超链接，选择"计算机名"标签，单击"更改"按钮，在计算机名栏下输入"部门名称－责任人"，单击"确定"按钮，重启计算机后计算机名生效，如图 1-89 所示。

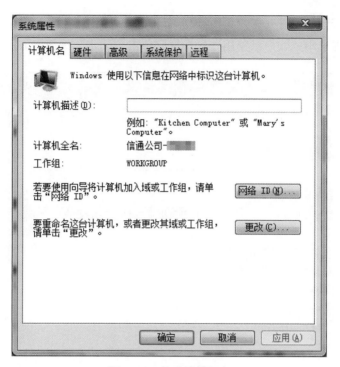

图 1-89 修改计算机名

2. 设置账号及密码

（1）超级管理员 administrator 账户改名。选中计算机桌面的"计算机"图标，右击，在弹出的快捷菜单中选择"管理"命令，打开"计算机管理"窗口，选择"系统工具"→"本地用户和组"→"用户"，选中管理员账户，右击，在弹出的快捷菜单中选择"重命名"命令，重新命名后按 Enter 键，如图 1-90 所示。

图 1-90 管理员账户重命名

（2）禁用 GUEST 账户。选中计算机桌面的"计算机"图标，右击，在弹出的快捷菜单中选择"管理"命令，打开"计算机管理"窗口，选择"系统工具"→"本地用户和组"→"用户",选中管理员账户（User）,右击,在弹出的对话框中选择"属性"命令,在弹出的对话框中选中"账户已禁用"复选框,单击"确定"按钮,如图 1-91 所示。

图 1-91　禁用 Guest 账户

（3）设置账号密码。选中计算机桌面的"计算机"图标,右击,在弹出的快捷菜单中选择"管理"命令,打开"计算机管理"窗口,选择"系统工具"→"本地用户和组"→"用户",选中需要设置密码的用户,右击,在弹出的快捷菜单中选择"设置密码"命令,设置密码,单击"确定"按钮。

强密码要求如下:

1）数字、字母、特殊符号,如 anew=9512,建议特殊字符使用 =、$ 等。

2）口令长度不小于 8 位。

3）密码中不能包含用户的账户名,不能包含用户姓名中超过两个连续字符的部分。例如,用户名是 zly,如果密码是 zly!9346 或者 zl!@7564,是不允许的。

3.设置屏幕保护

右击桌面空白处,在弹出的快捷菜单中选择"个性化"命令,单击右下角屏幕保护程序,选择需要的屏幕保护程序,屏幕保护时间设置为 5min,选中"在恢复时显示登录屏幕"复选框,单击"确定"按钮,完成屏幕保护设置,如图 1-92 所示。

图 1-92 设置屏幕保护

4.关闭不必要或有安全隐患的服务

选中计算机桌面的"计算机"图标，右击，在弹出的快捷菜单中选择"管理"命令，打开"计算机管理"窗口，选择"服务和应用程序"→"服务"，双击要关闭的服务，在"常规"标签中将启动类型改为"已禁用"，单击"停止"按钮，保存即可。常见的无用或有安全隐患的服务包括蓝牙、传真、Ssdp Discovery、远程服务、共享服务等。

5.开启计算机策略审计

单击"开始"按钮，打开"控制面板"，进入系统和安全 – 管理工具，双击本地安全策略，选择本地策略 – 审核策略，双击要审核的策略，通过勾选"成功""失败"生成审核条目。管理员可通过审核登录事件、审核账户登录事件查看异常登录事项。

6.修改注册表

（1）修改远程桌面默认端口 3389。运行程序 regedit，打开注册表，修改注册表选项 PortNumber 数值，如图 1-93 所示。

[HKEY_LOCAL_MACHINE\SYSTEM\CurrentControlSet\Control\Terminal Server\Wds\rdpwd\Tds\tcp]

[HKEY_LOCAL_MACHINE\SYSTEM\CurrentControlSet\Control\Terminal Server\WinStations\RDP–Tcp]

（2）限制网络访问。不允许匿名列举 SAM 账号和共享。单击"开始"按钮，打开控制面板菜单，进入系统和安全 – 管理工具，双击本地安全策略，进入本地策略 – 安全选项，双击右侧策略中的网络访问：不允许匿名列举 SAM 账号和共享，选中已启用，单击确认，如图 1-94 所示。

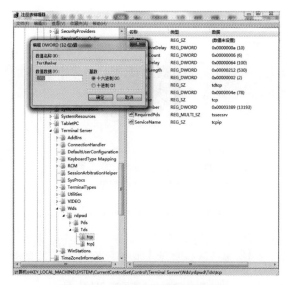

图 1-93　修改远程桌面默认端口

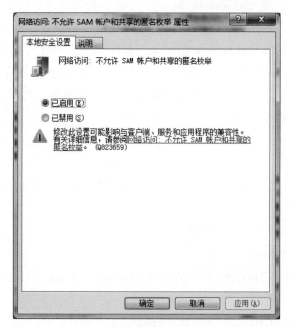

图 1-94　限制网络访问

7. 完成系统补丁安装

配置 Windows Update：单击开始按钮，打开控制面板菜单，进入系统和安全—Windows Update，检查更新可查看补丁更新情况，更改设置，可确定补丁更新频度、时间等重要信息，运行 wuauclt.exe /detectnow 启动注册。

8. 安装安全防护软件

安装防病毒软件、桌面标准化管理软件。安装完成后，确认防病毒软件运行正常且病毒库更新正常，如图 1-95 所示。

图 1-95 防病毒软件

第九节 虚拟化平台配置

一、教学目标

虚拟化平台通过虚拟化技术将主机物理硬件资源进行聚合，为企业提供高可用的虚拟机，实现主机资源的统一管理、资源优化、应用可用性和操作自动化等功能。本节以 VMware 虚拟化平台为例，介绍 VMware 虚拟化平台基础配置。

二、操作步骤和方法

VMware vSphere 作为主流虚拟化平台，主要包含 ESXi、vCenter Server 和 vSphere Client 等组件。其中，ESXi 是安装于服务器上的底层操作系统，是用于创建和运行虚拟机的虚拟化平台，可将处理器、内存、存储、网络等资源虚拟化为多个虚拟机。vCenter Server 是一套安装于 Windows 操作系统中的应用（通常部署在服务器上），是用于管理多个 ESXi 主机的管理中心。vSphere Client 是安装于 Windows 系统上的客户端，用于连接 vCenter Server 并对其进行管理。用户也可使用浏览器登录 vSphere Web Client 网页，连接 vCenter Server，但建议使用 vSphere Client 客户端形式进行连接，如图 1-96 所示。

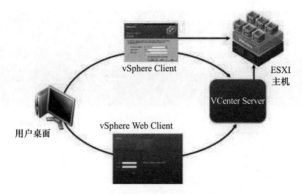

图 1-96　VMware vSphere 基本架构

（一）登录管理平台

（1）管理员在联网的 Windows 客户端上安装 vSphere Client 软件，利用 vSphere Client 软件登录 VMware 虚拟化平台。其中，IP 地址应输入 vCenter Server 主机地址，如果输入的 IP 地址是某台 ESXi 主机，则仅连接至该主机，如图 1-97 所示。

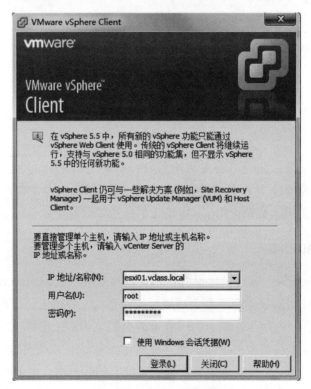

图 1-97　VMware 登录

（2）管理员登录 VMware 虚拟化平台后，进入 vCenter Server 配置主界面，如图 1-98 所示。vCenter Server 主界面的上半部分是菜单栏，下半部分包含左侧的资源区和右侧的配置区。管理员在左侧选中需要配置的资源（群集、宿主机或虚拟机等）后，在右侧的配置区进行相关配置。

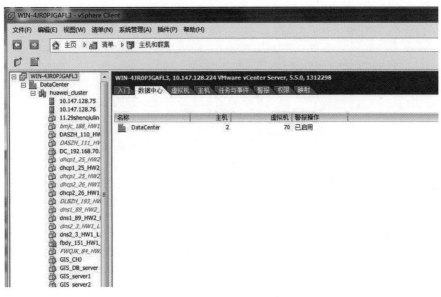

图 1-98 vCenter Server 配置主界面

（二）添加虚拟宿主机

在左侧选中宿主机需要加入的群集，单击右侧的"添加主机"超链接，如图 1-99 所示，进入"添加主机向导"界面，如图 1-100 所示，根据提示输入 IP 地址、用户及密码等信息后，等待 vCenter 与宿主机建立连接即可。

图 1-99 添加主机

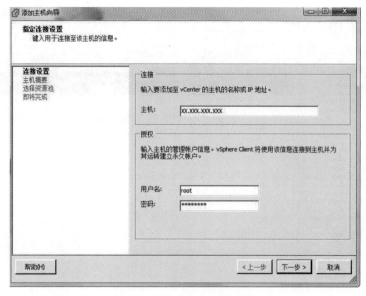

图 1–100 添加主机向导

（三）新建虚拟机

新建虚拟机是虚拟化平台操作中常用且重要的操作。新建虚拟机有创建安装和克隆安装两种类型，分别对应不同场景。

1. 创建安装虚拟机

在左侧选中虚拟机需要加入的群集（也可在虚拟宿主机资源下选择），单击右侧的"创建新虚拟机"超链接，进入"创建新的虚拟机"界面，如图 1–101 所示。

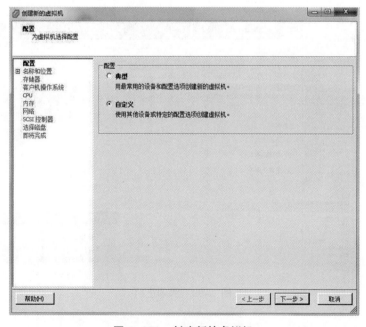

图 1–101 创建新的虚拟机

选中"自定义"单选按钮，根据向导提示依次输入或选择虚拟机名称、数据中心位置、宿主机位置、存储位置及操作系统版本，并配置虚拟机的 CPU、内存、网络及硬盘容量等资源后，即完成一个初始化虚拟机的创建（未安装操作系统的裸机）。该虚拟机已显示在虚拟机列表里，如图 1-102 所示。

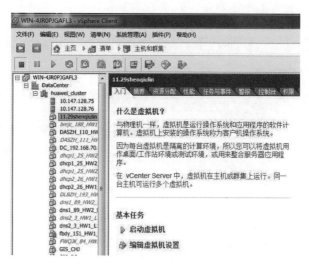

图 1-102　虚拟机列表

在新建的虚拟机上右击，在弹出的快捷菜单中选择"打开控制台"命令，进入虚拟机控制台界面，单击光盘图标并从数据存储中选择安装镜像（需提前上传，一般是 ISO 文件），如图 1-103 所示。

图 1-103　虚拟机控制台

单击电源按钮（绿色三角形图标）后，即进入操作系统安装界面，后续和物理机安装系统流程及操作一致，直至安装完成。

2. 克隆安装虚拟机

选择一个需要克隆的虚拟机，右击，在弹出的快捷菜单中选择"克隆"命令，进入"克隆虚拟机"界面，如图 1-104 所示。

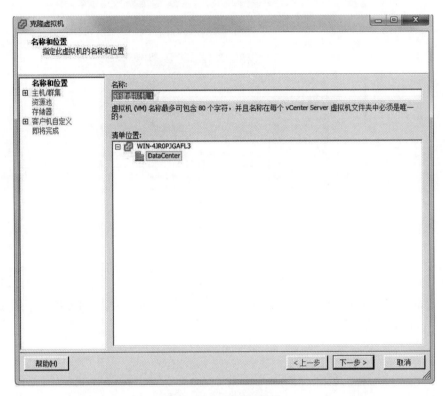

图 1-104　克隆虚拟机

系统默认会克隆出一个虚拟机，为原机的一个复本，管理员在克隆时也可以根据需要调整克隆虚拟机的名称、安装位置等基础信息及相关虚拟硬件资源。

VMware 还提供了模板安装功能，即将虚拟机克隆为模板或从模板克隆安装虚拟机。在实际运维中，通常会创建几个标准安装的虚拟机模板，为后续的虚拟机部署提供便利。

创建模板的操作：选择一个需要制作成模板的虚拟机，右击，在弹出的快捷菜单中选择"模板"→"克隆为模板"/"转换为模板"命令。注意，如果选择"转换为模板"命令，则原虚拟机将会消失。

从"虚拟机和模板"清单中可以看到已有的模板，管理员可以选择从模板中创建虚拟机，如图 1-105 所示。在实际管理中，建议部署几个常用模板以快速、规范地部署虚拟机。

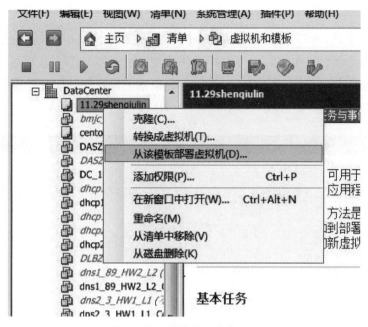

图 1-105　从模板创建虚拟机

（四）虚拟机资源配置

如有需要，管理员可对虚拟机的相关配置进行变更。在虚拟机清单中选中需要编辑的虚拟机，在右侧的配置区中可以查看并修改相关配置。例如，在"摘要"标签下可以执行关闭、挂起等操作，在"资源分配"标签下可以修改虚拟机内存、CPU等相关资源配置，还可以在"任务与事件""警报"等标签下查看相关日志和告警等信息，如图 1-106所示。

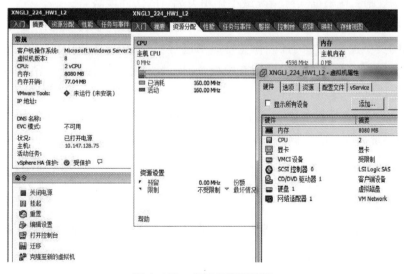

图 1-106　虚拟机资源配置

（五）虚拟化平台安全加固

（1）虚拟宿主机加固。虚拟宿主机安装的 ESXi 操作系统底层是 Linux 操作系统，因此可在宿主机上直接加固或在 vCenter Server 中修改配置进行加固。建议在 vCenter Server 上进行加固，避免配置信息与实际情况不一致。在虚拟宿主机右侧的配置界面中选择安全配置文件，分为"服务"和"防火墙"两个模块，如图 1-107 所示。

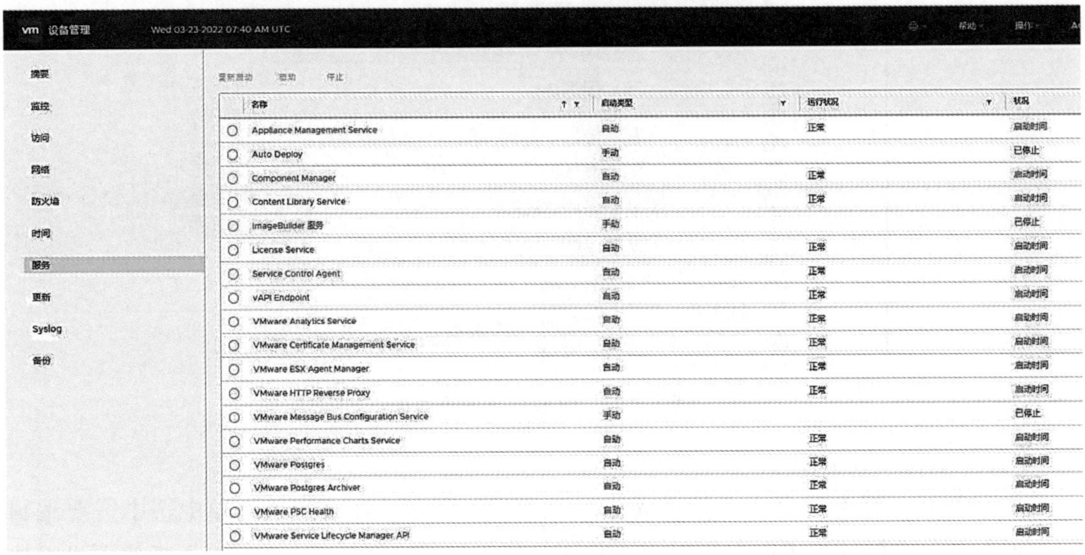

图 1-107　安全配置

在"服务"模块中，可以显示宿主机所安装的服务。平时应关闭 SSH、ESXi Shell 等高危服务，在检修时按需开放，增加系统安全性。在"防火墙"模块中可配置入站、出站两个方向的过滤规则，应根据实际情况最小化相关端口的访问策略。

（2）虚拟机加固。虚拟机的加固从原理上来说与物理机一致，可根据安装的操作系统及业务应用的类型选择对应的加固作业指导书进行安全加固。同时，建议在建立虚拟机模板时进行完整的安全加固，并定期检查模板状况，及时更新模板补丁、消除漏洞，确保从模板生成的虚拟机是安全可靠的。

（3）vCenter Sever 主机加固。vCenter Sever 主机的加固需要注意以下 3 点：

1）操作系统加固：应根据 Windows 操作系统加固作业指导书对 vCenter Sever 主机进行系统加固。

2）最小化部署：应根据实际使用情况最小化部署相关服务，如建议关闭 vSphere Web Client，避免网页被黑客攻击。

3）最小化访问：应根据实际需要在主机防火墙上设置相关策略，限制除系统管理员外的用户登录平台。

第十节 数据库配置

一、教学目标

关系型数据库建立在关系模型的基础之上，是一个由二维表及其之间的关联关系组成的数据组织，目前主流的关系型数据库有 Oracle、SQL Server、MySQL、DB2 等。本节基于 Linux Oracle 数据库，从数据库账号权限、数据访问控制、网络访问控制、口令策略、审计策略几个方面介绍数据库加固要点。

二、操作步骤和方法

在进行配置之前，使用命令 sqlplus / as sysdba，以 SYS 身份登录 Oracle 数据库，然后进行后续配置和安全加固。

1. 账号权限加固，实现最小权限原则为每个账号分配其必需的角色、系统权限、对象权限和语句权限

（1）登录 Oracle 数据库，使用如下命令查看账号权限。

SQL>SELECT FROM dba_sys_privs WHERE grantee='username'; -- 系统权限

SQL>SELECT FROM dba_tab_privs WHERE grantee='username'; -- 对象权限

SQL>SELECT FROM dba_role_privs WHERE grantee='username'; -- 赋予的角色

（2）收回分配过大的账户角色和权限，特别是 DBA 角色。

SQL>REVOKE dba FROM 'username';

（3）取消特殊程序包权限。

撤消 public 角色的程序包执行权限。

SQL>SELECT table_name FROM dba_tab_privs WHERE grantee='PUBLIC' and privilege='EXECUTE';

撤销 public 角色的程序包执行权限，以撤销在 utl_file 包上的执行权限为例。

SQL>REVOKE execute ON utl_file FROM public;

（4）修改账户口令。密码复杂度要求：8 位以上，至少包含大写字母、小写字母、数字和特殊符号中的 3 种。

SQL>ALTER USER'username'IDENTIFIED BY'newpasswd';

（5）删除多余账户。删除废弃不用的账号，对于暂时无法确定是否可以删除的账户，可采用以下命令先锁定账户，待确认账户废弃后再行删除。

SQL>SELECT username FROM all_users;

SQL>DROP USER'username'CASCADE;

SQL>ALTER USER'username'ACCOUNT LOCK;

2. 加固口令策略

（1）设置口令复杂度要求。创建口令复杂度函数，设置口令复杂度，要求长度不小于8位字符串，而且是字母和数字或特殊字符的混合，用户名和口令禁止相同。

SQL>SELECT FROM dba_profiles;

SQL>@$ORACLE_HOME/rdbms/admin/utlpwdmg.sql;

SQL>ALTER PROFILE "DEFAULT" LIMIT password_verify_function;

（2）设置口令策略。profile 口令策略：口令有效期为 30 天，口令到期后的宽限时间为3天，错误3次锁定账户 30min。

SQL>SELECT FROM dba_profiles;

SQL>ALTER PROFILE "DEFAULT" LIMIT PASSWORD_LIFE_TIME 30

PASSWORD_GRACE_TIME 3

FAILED_LOGIN_ATTEMPTS 3

PASSWORD_LOCK_TIME 1/48;

3. 数据访问控制加固

限制库文件的访问权限，保证除属主和 root 外，其他用户对库文件没有写权限。

[oracle@XXX]$ ls −l $ORACLE_BASE/oradata

drwxr-x−−− 3 oracle oinstall 4096 Jun 6 15:40 ysdb1

drwxrwxrwx 3 oracle oinstall 4096 Jun 6 15:39 ysdb1

chmod 640 $ORACLE_BASE/oradata/

[oracle@XXX]$ ls −l $ORACLE_HOME/bin

−rwxr−xr−x 1 oracle oinstall   1567 Aug 11 2011 acfsroot

−rwxr−xr−x 1 oracle oinstall   13134 Aug 23 2011 adapters

chmod 640 $ORACLE_HOME/bin/

4. 网络访问控制加固

修改 $ORACLE_HOME/network/admin 目录下 sqlnet.ora，配置信息后重启 listener 服务生效，限制网络访问范围，关闭远程操作系统认证。

tcp.validnode_checking=yes

tcp.invited_nodes =(ip1，ip2，……)　　# 允许访问的 IP

tcp.excluded_nodes=(ip1，ip2，……)　　　# 不允许访问的 IP

sqlnet.authentication_services=(NONE)

修改 Remote_login_passwordfile、REMOTE_OS_AUTHENT 参数，限制特权用户从客户端登录到数据库系统中。

SQL>ALTER SYSTEM SET REMOTE_LOGIN_PASSWORDFILE=EXCLUSIVE SCOPE=SPFILE;

SQL>ALTER SYSTEM SET REMOTE_OS_AUTHENT=FALSE SCOPE=SPFILE;

修改 $ORACLE_HOME/network/admin 目录下 listener.ora，配置数据库侦听端口，修改后重启数据库侦听服务。

```
LISTENER =
(DESCRIPTION_LIST =
  (DESCRIPTION =
    (ADDRESS = (PROTOCOL = TCP)(HOST=LOCALHOST)(PORT=10521))
  )
)
```

5.审计策略加固

启用审计功能，重启数据库后生效。

SQL>ALTER SYSTEM SET audit_trail=os scope=spfile;

配置日志策略，确保数据库的归档日志文件、在线日志文件、网络日志、跟踪文件、警告日志记录功能均已启用并且有效实施。配置多个归档位置，包括本地归档位置和远程归档位置。

SQL>SHUTDOWN IMMEDIATE　　——关闭数据库

SQL>STARTUP MOUNT　　——进入 MOUNT 状态

SQL>ALTER DATABASE ARCHIVELOG

SQL>ALTER DATABASE OPEN

ALTER SYSTEM SET log_archvie_format='%S_%T_%R.log' scope=spfile;

ALTER SYSTEM SET log_archive_dest_1='location=\oracle\oradata\archive1' scope=spfile;

ALTER SYSTEM SET log_archive_dest_2='location=\oracle\oradata\archive2' scope=spfile;

ALTER SYSTEM SET log_archive_dest_3='service=standby' scope=spfile;

注意：配置远程归档位置时，service 选项需要制定远程数据库的网络服务名（在 tnsnames.Ora 文件中配置）。

第十一节　备份系统配置

一、教学目标

数据备份是保证信息系统数据安全的最后屏障，在现代供电企业信息化发展过程中日渐重要。本章以 SymantecNetbakup 为例，介绍备份系统备份管理和安全加固方法。

二、操作步骤和方法

（1）进入备份系统管理端。在服务器端运行 jnbSA 命令，进入 NBU 备份软件控制台，如图 1-108 所示。

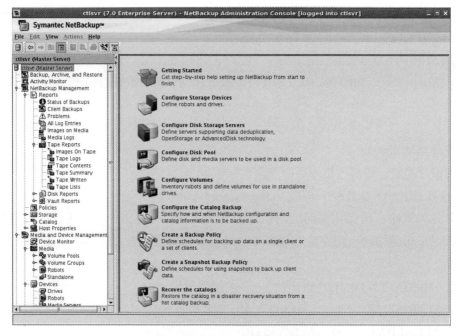

图 1-108　NBU 备份服务器端

（2）添加并设置策略。在控制台选择策略（policies）→选择服务器→新建策略→输入策略名，根据实际需求备份策略，包括定义属性、备份日程、客户端，如图 1-109 所示。

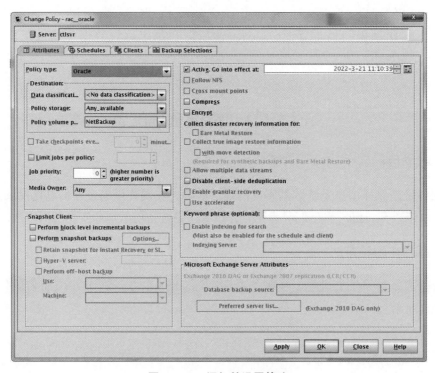

图 1-109　添加并设置策略

若类型为 Oracle 数据库备份，还需要配置自动启动的 RMAN 脚本并将其添加到策略的"备份选择"中，如图 1-110 所示。

```
#############################RMAN 备份脚本样例
RUN {
ALLOCATE CHANNEL ch00 TYPE 'SBT_TAPE';
BACKUP
    $BACKUP_TYPE
    SKIP INACCESSIBLE
    TAG hot_db_bk_level0
    FILESPERSET 5
    # recommended format
    FORMAT'bk_%s_%p_%t'
    DATABASE;
    sql'alter system archive log current';
RELEASE CHANNEL ch00;
# backup all archive logs
ALLOCATE CHANNEL ch00 TYPE'SBT_TAPE';
BACKUP
    filesperset 20
    FORMAT'al_%s_%p_%t'
    ARCHIVELOG ALL DELETE INPUT;
RELEASE CHANNEL ch00;
#
# Note: During the process of backing up the database，RMAN also backs up the
# control file. This version of the control file does not contain the
# information about the current backup because "nocatalog"has been specified.
# To include the information about the current backup，the control file should
# be backed up as the last step of the RMAN section. This step would not be
# necessary if we were using a recovery catalog.
#
ALLOCATE CHANNEL ch00 TYPE 'SBT_TAPE';
BACKUP
    # recommended format
    FORMAT 'cntrl_%s_%p_%t'
    CURRENT CONTROLFILE;
RELEASE CHANNEL ch00;
```

ALLOCATE CHANNEL ch00 TYPE DISK;

COPY CURRENT CONTROLFILE TO'/usr/openv/scripts/control.ctl';

release channel ch00;

##

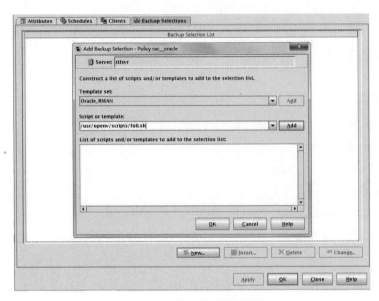

图 1-110 设置自动备份脚本

（3）测试备份是否设置正确。选择新建的策略进行手动备份，测试策略是否有效，如图 1-111 所示。

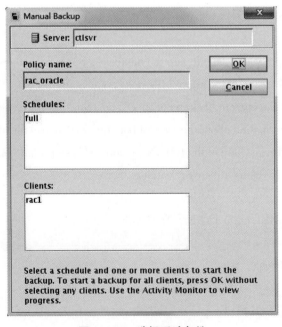

图 1-111 选择手动备份

等待备份过程完成，确认备份成功后工作结束，其中蓝色小人代表执行正常结束，失败则显示红叉，如图 1-112 所示。

	224449 Backup	Done	0 rac_oracle	Default-Application-Backup
	224448 Backup	Done	0 rac_oracle	Default-Application-Backup
	224447 Backup	Done	0 rac_oracle	Default-Application-Backup
	224446 Backup	Done	0 rac_oracle	Default-Application-Backup
	224445 Backup	Done	0 rac_oracle	Default-Application-Backup
	224444 Backup	Done	0 rac_oracle	Default-Application-Backup
	224443 Backup	Done	0 rac_oracle	Default-Application-Backup
	224442 Backup	Done	0 rac_oracle	Default-Application-Backup
	224441 Backup	Done	0 rac_oracle	Default-Application-Backup
	224440 Backup	Done	0 rac_oracle	Default-Application-Backup
	224439 Backup	Done	0 rac_oracle	Default-Application-Backup
	224438 Backup	Done	0 rac_oracle	Default-Application-Backup
	224437 Backup	Done	0 rac_oracle	full

图 1-112　备份结果

三、注意事项

备份策略是否合理是关系到备份效率、存储容量、恢复时间等方面的关键要素，因此优化软件配置、合理设置备份策略非常重要。其主要需要注意以下四个方面。

（1）备份方式。NBU 提供全备份、差异备份和增量备份三种备份方式。备份数据量依次为全备份＞差异备份＞增量备份，恢复数据的时间正好相反。因此，管理员应对数据进行分类，对关键数据采取全备份方式，次一级的数据采用差异备份方式，其他数据采取增量备份方式。

（2）备份时间。备份系统管理员应根据每个备份任务的备份时间、周期等信息对备份任务的开始时间进行调整，避免同时运行的备份任务过多，导致设备运行过载。

（3）备份周期。备份系统管理员应根据实际情况对不同的备份数据采取不同的备份周期：越关键的数据，建议的保存时间越长。

（4）压缩备份。NBU 提供了压缩备份功能，当容量不足时，可以对数据进行压缩备份，这可以节约一半的数据容量，但会影响备份和恢复效率。

第十二节　网站安全加固

一、教学目标

网站安全加固是指为防止内网网站收到外来入侵者对网站进行挂马、篡改网页等行为而开展的相应防御工作。本节以防范跨站脚本、跨站请求伪造、SQL 注入等常见网站安全问题防范为例，介绍网站安全加固要点。

二、操作步骤和方法

1. 防范跨站脚本

跨站脚本（Cross Site Scripting，XSS）是一种被动式攻击方式，攻击者在网站页面中插入一段恶意的 HTML 代码，该代码在用户请求该页面的同时被执行，达到攻击者攻击的目的，导致泄露电力企业机密信息，非法执行 ActiveX 和 Flash 内容，后果严重。

XSS 原理：由于 CGI 程序没有对用户提交的变量中的 HTML 代码进行过滤或转换。由于网页全部都是 HTML，XSS 往 HTML 中注入脚本 <script></script>，在没有过滤字符的情况下，只需保持完整无错的脚本标记即可触发 XSS。例如，在表单提交内容中构造 "<script>alert ('XSS');</script>"、<img src="javascript:alert('XSS');"> 脚本，即可访问文件的标记属性和触发事件。

防范措施如下：

（1）用编码输出。将输入数据在显示之前进行编码，如 ASP 中使用 Server.UrlEncode 或 Server.HTMLEncode 方法实现，将 HTML 标记在内的危险字符转换为无害标签。

（2）过滤特殊字符的输入参数。将输入数据进行特殊字符过滤，其中包括 "<> " ' % ；（）& + – 等特殊字符或运算符。

（3）将数据插入 innerText 或 value 属性。innerText 属性会导致任意内容不起作用。当输入构造内容时，使用该属性相对安全。可以将元素对象 element 进行属性判断，如 if(element.innerText){element.innerText=str}else{element.textContent=str} 或 if(element.value){element.value=str}。

（4）审查代码中的 XSS 错误。从 Web 应用程序的入口点记住包括表单中的字段、传参、HTTP 头、Cookie 及来自数据库中的数据，跟踪流入应用程序的每个数据，确定数据是否与输出有关。如果与输出有关，则确定是否为原始数据，是否经过处理；否则就通过一个正则表达式或健全性检查代码进行检查，对输出进行编码。

2. 防范跨站请求伪造

攻击者通过伪装受信用用户请求网站信息，通过在授权用户访问的页面中非法加入链接或脚本，混淆代理人的方式进行攻击。攻击者利用此攻击方式获取管理员权限，导致网站及后台管理系统信息受到严重的威胁。

跨站请求伪造原理：跨站请求伪造（Cross–Site Request Forgery，CSRF）是指当用户登录站点时，诱惑用户单击设计好的恶意链接，通过客户端浏览器发送一个简单的 HTTP 恶意请求，实现攻击。

防范措施如下：

（1）使用 post 提交，不推荐使用 get 方式修改信息。

（2）表单提交前植入一个加密信息，验证请求是否来自源表单。

（3）设置 Session 会话信息，通过 SessionID 验证 Form 中的数据是否一致。

3. 防范 SQL 注入

SQL 注入（SQL Injection）是通过 SQL 的语法，在程序代码预先已经定义好的字符拼接 SQL 语句中额外添加 SQL 语句元素，致使数据库服务器执行非授权的任意查询和操作，篡改和执行非法命令。

SQL Injection 原理：SQL 注入通过 SQL 注入点执行非法语句，利用非法 SQL 语句或字符串达到侵入目的。如下给出一段身份验证的 SQL 注入攻击示例：

String queryStr = "SELECT FROM users where username=' "+ textbox_User.Text() + " 'and passowrd =' "+ textbox_Pwd.Text() +" ' ";

程序在数据库建立连接得到用户数据之后，直接将 username 的值通过 SQL 语句进行查询，没有采取任何的过滤和处理措施。当用户名文本框中（textbox_User）的输入内容为 " 'or 1=1or' 1'='1"，密码为任意时，程序后台 SQL 语句编了 "SELECT FROM users where username=' 'or 1 =1or' 1'='1' and passowrd='xxxx' "，此时不管输入任何密码，SQL 语句都会查询出用户资料，因为 "or 1=1" 语句永远为真。可是，系统中根本不存在名为 " 'or 1=1or' 1'='1" 的用户名，此时就形成了 SQL 注入攻击。

防范措施如下：

（1）替换或者屏蔽特殊字符（字符串），如 or、and、%、like 等信息，这样可以从一定程序降低被攻击的概率。

（2）设置文本框长度属性（MaxLength），限制用户名、密码等输入字符串长度，这样可在一定程度上降低被攻击的可能性。

（3）设置 IIS 屏蔽系统的出错信息或跳转自定义的错误页面，阻止攻击者通过获取的系统错误，实施更进一步的攻击。

（4）将用户名和密码加密后再进行存储，防止攻击。

（5）在 ASP.NET 下，采用防止 SQL 注入攻击的方式，用传参数的方式替代字符串拼接 SQL 语句的方式，从根本上避免 SQL 注入的发生。

代码举例如下：

```
String sqlstr = "SELECT FROM users where username=@username and
password = @password"
SqlParameter[] param = {
new SqlParameter("@username"，SqlDbType.Varchar，20);
new SqlParameter("@username"，SqlDbType.Varchar，20);
};
param[0].Value = uName; // 给参数用户名赋值
param[1].Value = uPwd; // 给参数密码赋值
```

4. 防范 Cookie 欺骗漏洞

服务器端生成 Cookie，根据客户端所需访问的内容创建会话信息并传递到客户端，客户端根据会话进程增加、修改、删除部分 Cookie 内容作为会话进一步发展的参数，再将 Cookie 随新的客户端请求传回服务器端。客户端 Cookie 读写访问存在会话信息篡改的可能，从而使服务器受到客户端的欺骗，无论攻击用户还是服务器都是非常大的威胁。

防范措施如下：

（1）建立 Session 会话与 Cookie 双重验证登录，设置时间上的约束，减小欺骗可能性。

（2）利用随机数和 IP 进行加密，实现防御欺骗攻击。让用户登录时验证用户名、随机数和 IP 信息，从而使攻击者难以猜到。

5. 防范 IIS.mdb 数据库文件被下载

网站如果使用 asp+access 数据库模式，则 mdb 路径可能被猜解，数据库很容易就被别人下载。利用 IIS 设置可有效防止 mdb 数据库被下载。

防范措施如下：

（1）新建记事本文件，其中不要填写任何内容，将文件名改为 nodownload.dll，复制到 C:\Windows\System32\。

（2）打开 IIS 服务管理器，选择需要设置的站点，单击右键"属性"，进入"主目录"选项，单击应用程序设置的"配置"按钮，如图 1–113 所示。

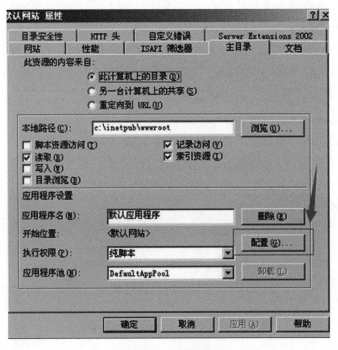

图 1–113　配置网站

弹出"应用程序配置"对话框，在"映射"选项卡中单击"添加"按钮，弹出"添加 / 编辑应用程序扩展名映射"对话框，单击"浏览"按钮，找到刚才的 nodownload.dll 文件，在"扩展名"文本框中输入 ".mdb"，动作设为"全部动作"，单击"确定"按钮，保存设置，如图 1–114 所示。

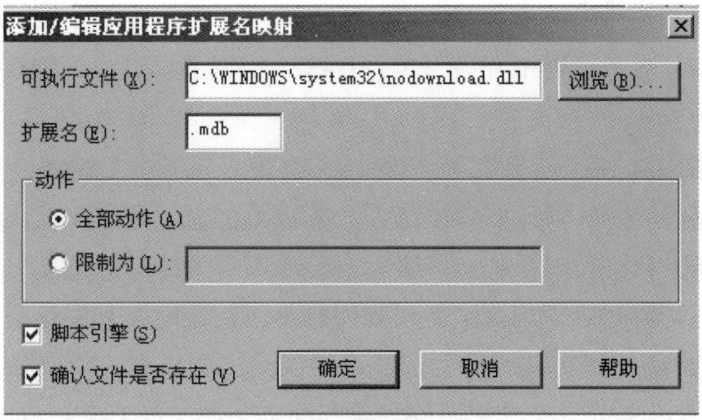

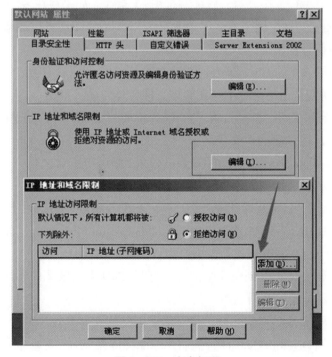

图 1-114 配置运行程序

IIS7.5 设置如下：

设置文件：C:\Windows\System32\inetsrv\config。

设置内容：<add fileExtension=". mdb" allowed=" false" />（false 表示不允许下载）。

6. 防范 IIS 后台对外开放

在条件允许的情况下，对 IIS 访问源进行 IP 范围限制，只有在允许的 IP 范围内的主机才可以访问 WWW 服务，这可以有效屏蔽外界的攻击。

防范措施：打开 Internet 信息服务（IIS）管理器，选择相应的站点目录，然后右键点击"属性"，进入目录安全性选项，点击 IP 地址和域名限制右侧的编辑按钮，添加允许访问的 IP 地址，确认后即可，如图 1-115 所示。

图 1-115 安全加固

7. 防范 IIS PUT 漏洞

IIS Server 在 Web 服务扩展中开启了 WebDAV，配置了可以写入的权限，这造成任意文件可上传。

防范措施：打开 Internet 信息服务（IIS）管理器，选择一个站点，在功能视图中双击"WebDAV 创作规则"，选择"禁用 WebDAV"。需强调的是，IIS 7.5 默认不支持 WebDAV。

8. 防范 IIS 目录浏览漏洞

"目录浏览"功能被开启，当攻击者访问网站某一目录时，如果该目录没有默认首页文件或没有正确设置默认首页文件，将会把整个目录结构列出来，将网站结构完全暴露给攻击者。攻击者可能通过浏览目录结构访问到某些隐秘文件（如 PHPINFO 文件、服务器探针文件、网站管理员后台访问地址、数据库连接文件等），其利用该信息可以为进一步入侵网站做准备。

防范措施：打开 Internet 信息服务（IIS）管理器，选择相应的站点目录，然后单击右键"属性"→目录浏览，去掉勾选。若 IIS 版本为 7.5，则应确认"目录浏览"为"未启用"状态。

9. 防范 IIS 短文件名信息泄露漏洞

此漏洞实际是由 HTTP 请求中旧 DOS 8.3 名称约定（SFN）的代字符（～）波浪号引起的。攻击者可以找到通常无法从外部直接访问的重要文件，并获取有关应用程序基础结构的信息。

短文件名有以下特征：

（1）只有前 6 位字符直接显示，后续字符用 ~1 指代。如果存在多个文件名类似的文件（名称前 6 位必须相同，且扩展名前 3 位必须相同），则数字 1 还可以递增。

（2）扩展名最长只有 3 位，多余的将被截断。

（3）可以在启用 .net 的 IIS 下暴力列举短文件名，原因是访问构造的某个存在的短文件名时会返回 404，访问构造的某个不存在的短文件名时会返回 400。

例如，有数据库备份文件 backup_www.abc.com_20150101.sql 和 backup_www.abc.com_20150102.sql，其对应的短文件名分别是 backup~1.sql 和 backup~2.sql。有该漏洞，黑客只要暴力破解出 backup~1.sql 和 backup~2.sql 即可下载该文件，而无需破解完整的文件名。

防范措施：禁用 Windows 操作系统中的短文件名功能。打开注册表并打开此目录 HKEY_LOCAL_MACHINE\SYSTEM\CurrentControlSet\Control\FileSystem，修改 NtfsDisable8dot3NameCreation 的值为 1。修改完成后，需要重启系统生效。

手动验证：新建文件夹并创建几个文件，打开 CMD 进入该文件夹路径，执行"dir /x"检测，看不到有显示短文件名则成功。

已存在的文件短文件名不会取消，只对以后创建的文件有效。Web 站点需要将内容复制到另一个位置，如 D:\a 到 D:\a.back，然后删除原文件夹 D:\a，再重命名 D:\a.back 到 D:\a。如果不重新复制，则已经存在的短文件名不会消失。

10. 防范 IIS 默认错误页暴露网站信息

当网站受到攻击或网站程序出错时，如果显示默认 404 页面，就可能泄漏站点的版本信息、路径信息、代码信息，甚至是网站或数据库相关的登录用户名密码，攻击者可获取大量的网站信息和数据，给网站带来极大的安全隐患。

当网站发生错误时，跳转至自定义的错误页面能防止带有网站信息的页面暴露给用户，极大地保护了网站的重要信息，大大降低了被攻击和数据泄漏的风险。

防范措施：修改默认错误页面。打开 Internet 信息服务（IIS）管理器，右键单击属性，进入自定义错误项，用自定义的错误页面替换默认页面。

第十三节　漏洞扫描与整改

一、教学目标

近年来，信息系统被攻击事件日益增多，在众多的网络攻击中，针对未修复安全漏洞的攻击就占了总数的 90% 以上，发现并修复系统漏洞成为网络安全重要保障工作之一。本节以绿盟远程安全评估系统为例，介绍漏洞查找与整改办法。

二、操作步骤和方法

1. 登录系统

管理员通过网页方式登录绿盟 RSAS 远程安全评估系统，输入管理账号与口令，并登录。

2. 设定扫描任务

（1）创建扫描任务。登录绿盟 RSAS 远程安全评估系统后，单击"新建任务"按钮，创建扫描任务，如图 1-116 所示。可以根据需要在该界面进行相关设置，以建立任务并得到相应的扫描结果。

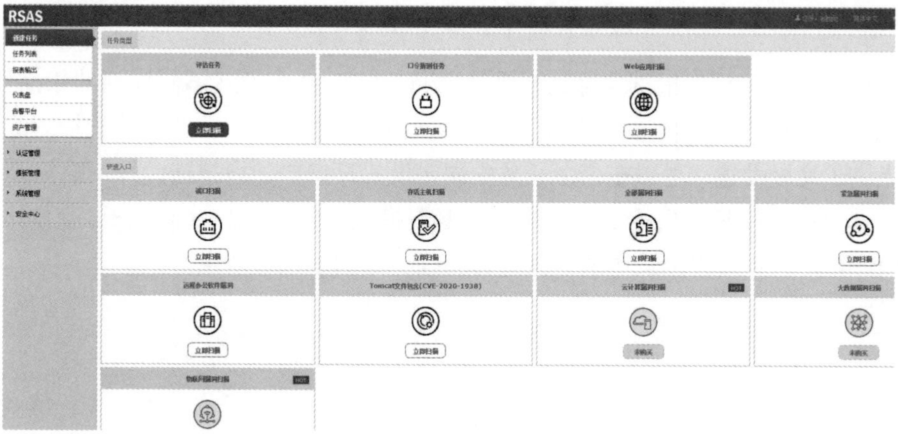

图 1-116　创建扫描任务界面

（2）选择扫描类型。根据对象的不同，扫描任务分为评估任务、口令猜测任务和 Web 应用扫描三类。其中，评估任务扫描操作系统及相关应用漏洞，这种方式下也可采用扫描漏洞与口令猜测相结合的方法；口令猜测任务不扫描漏洞，只扫描各类系统弱口令；Web 应用扫描特别针对网站类应用进行专项扫描。

（3）设置扫描范围和任务名称。在"扫描目标"栏（图 1-117）中设置扫描任务的范围，可以是单个 IP 地址、IP 地址段、多个 IP 地址段、IPv6 地址段等多种对象，多个 IP 范围之间用逗号、分号等特殊字符隔开表示。设置好扫描范围后，系统默认会以扫描范围作为本次扫描任务的名称，可以在下方"任务名称"栏中重新设置名称。

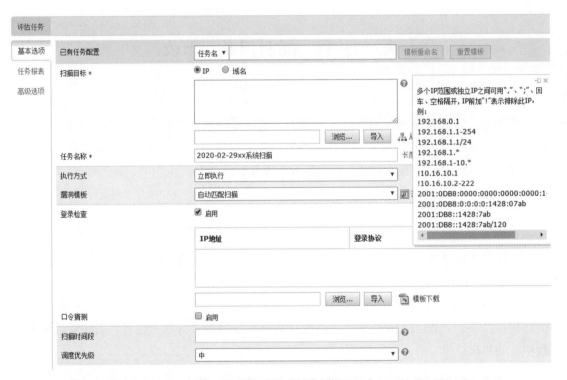

图 1-117　设置扫描范围及任务名称

（4）设置执行方式。根据实际需求在"执行方式"栏中设置不同周期的扫描任务，包括单次执行、日扫描、周扫描、月扫描等，如可以设置每周一 18:00 开始扫描。除此之外，系统还提供了高级设置，可以在一个任务中同时设置日扫描、周扫描、月扫描等。

（5）选择漏洞模板。根据实际需求在"漏洞模板"栏中选择漏洞模板，不同的模板包含的漏洞库不同，系统根据选中的模板进行扫描，如图 1-118 所示。

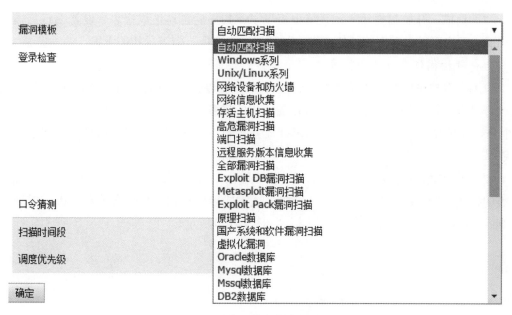

图 1-118　选择漏洞模板

（6）设置口令猜测。选中"口令猜测"选项并单击"详细配置"，可以对系统弱口令进行扫描。在弹出的"配置"对话框中，选择需要扫描的服务类型，如图 1-119 所示。

图 1-119　设置口令猜测

（7）扫描。开始扫描任务，系统也提供了在扫描后自动生成报表、设置端口扫描方式等功能，用户可以在左侧的"任务报表"和"高级选项"中进行相关设置。

3. 查看扫描任务及导出报表

（1）查看扫描任务。选择左侧"任务列表"，可以查看当前扫描任务的进度；扫描结束后，可以查看扫描任务的结果。单击扫描完成的任务，可以看到任务的详细情况，其中有7个分页分别显示任务的相关情况，包括任务参数、综述信息、主机信息、漏洞信息、脆弱账号、对比分析和参考标准。

（2）导出报表。扫描完成后，选择"报表输出"，选中需要导出报表的任务，选择导出报表的格式（如 html、Word 等）、是否按综述方式导出报表、是否按单台主机方式导出报表等后，单击"输出"按钮，导出报表，如图1-120所示。

图1-120　报表导出界面

三、注意事项

绿盟会在最新的网络漏洞公布后，将这些漏洞整合成升级包并放在官网上，供漏洞装置自动同步或者供用户下载。选择"系统管理"→"服务"，进入系统升级界面。绿盟

RSAS 远程安全评估系统提供了在线自动升级和手动升级两种升级方式，其中界面的左半部分为在线升级界面，右半部分为手动升级界面。

在线升级：装置通过网络自动同步到升级站点，可分为立即升级和定时升级两种。立即升级是通过网络立即同步服务器的漏洞库，而定时升级可实现每天定时下载更新包并自动更新，如图 1-121 所示。

| 系统升级 | 系统还原 | 系统服务 |

定时升级 ∧

升级站点 *	http://update.nsfocus.com
升级周期	每天一次
更新时间 *	23:23　　格式:12:38
安装方式	○自动安装 ⦿提醒 ○关闭自动更新
	☐ 使用HTTP代理
	确定

立即升级 ∧

检查更新　　　　　0个可用更新　　　　　历史更新

立即更新

图 1-121　在线升级界面

手动升级：如果漏洞扫描装置位于内网，一般采取手动升级的方式更新漏洞库，如图 1-122 所示。用户到绿盟官网地址（http://update.nsfocus.com）找到对应装置的升级包并下载到本地，单击"选择文件"按钮，选中下载的升级包后单击"升级"按钮，系统即完成升级。

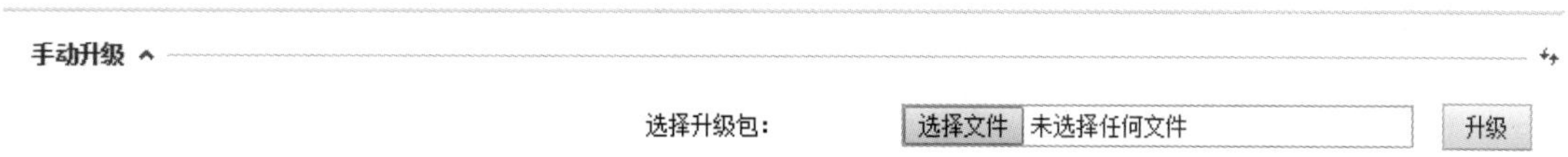

手动升级 ∧

选择升级包：　　选择文件 未选择任何文件　　　升级

图 1-122　手动升级界面

第二章　重要系统应用

第一节　智能一体化运维支撑平台 SG–I6000 2.0 基本应用

一、教学目标

智能一体化运维支撑平台 SG–I6000 2.0 简称 I6000 2.0 系统，是基于 SG–UAP 开发平台，融合 IMS、IDS、ISS、ICS、TMS、云资源管理系统、三线管控系统、云终端运维管理系统、业务系统性能监测、安全统一监控分析平台等信息通信运维支撑系统功能，集"调度、运行、检修、客服、三线"业务功能于一体的信息通信一体化调度运行支撑平台。本章以系统资源管理、缺陷管理、检修管理、两票管理模块为例，介绍 I6000 2.0 系统基本应用。

二、操作步骤和方法

I6000 2.0 系统应用环境为谷歌浏览器，管理员通过网页方式登录 I6000 2.0 系统，输入管理账号与口令，并登录，进入工具应用，如图 2–1 所示。

图 2–1　I6000 2.0 系统工具应用

1. 资源管理

资源管理对信息系统相关的资源进行全过程管控，实现设备从入库至报废的全过程管控，本节主要介绍设备新增、设备变更及设备查询。

设备新增：单击资源管理，进入设备全过程管理，单击拟办，单击新建，单击设备入库，填写申请事由，点击相关设备，点击新增，选择硬件类型，按实际情况填写入库设备信息，其中带 * 的为必填项，其余为默认选项。全部录入后，单击"保存"按钮，如图 2–2 所示。新增多条数据时，也可先存入草稿箱，统一进行入库操作。选中新添加的入库设备，可选择多条，点击创建新增申请按钮，进入设备新增流程。经相关人员审批确认后，设备录入流程结束。完成入库的设备，只能变更设备状态，严禁删除入库设备。

图 2-2　资源管理

设备变更：点击资源管理，进入设备全过程管理，点击拟办，点击新建，点击设备变更，修改要变更的相关字段，全部完成后点击保存并发送，进入设备变更流程。待相关人员审批确认后，设备变更流程结束。

资源查询：点击资源管理，进入资源查询，可通过不同维度，如设备状态、使用年限、品牌型号等，查询公司信息资源情况，I6000 2.0 系统所辖的资源有硬件资源、软件资源、虚拟资源、网络资源、建筑场地、系统接口等。

2. 缺陷管理

缺陷管理，用于信息系统缺陷全过程管控，记录缺陷识别到缺陷解决，此处主要介绍缺陷新增、缺陷查询。

缺陷新增：点击缺陷管理，进入拟办代办，点击拟办，点击新增缺陷消缺申请，选择缺陷来源、缺陷分类、涉及应用系统、涉及设备 / 软件，填写缺陷描述。其中带 ＊ 的为必填项，其余为默认选项，完成后点击保存并发送，进入缺陷处理流程，如图 2-3 所示。待相关人员审批确认后，缺陷处理流程结束。

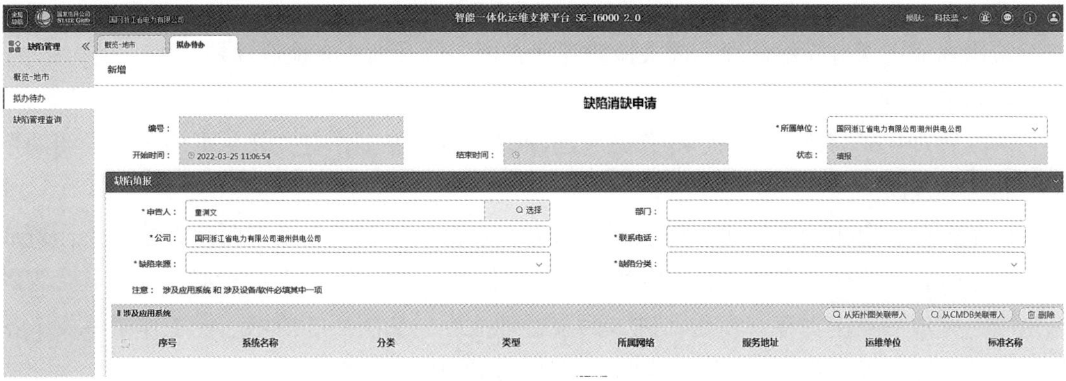

图 2-3　缺陷管理

缺陷查询：点击缺陷管理，进入缺陷管理查询，查看缺陷消缺情况。查询结果，可以通过导出所选或导出全部，导出相关数据。

3.检修管理

检修管理用于信息检修工作全过程管控，记录检修新增至检修完工，此处主要介绍检修新增、检修查询。检修管理紧密关联两票管理，每条检修计划在两票中完成检修计划实施。

这里的检修新增专指检修计划新增：点击检修管理，进入拟办待办，点击拟办，按照实际情况，点击新增一级检修计划或新增二级检修计划或新增紧急检修，选择检修计划类型、检修级别类型、检修计划主要来源、检修对象名称、计划开始时间、计划结束时间等。其中带 * 的为必填项，其余为默认选项，完成后点击保存并发送，进入检修计划管理流程，如图 2-4 所示。待相关人员审批确认后，检修计划管理流程结束。

一级检修是指影响公司总部与三地数据中心、公司各级单位之间信息系统纵向贯通与应用的检修工作；二级检修是指未影响公司总部与数据中心、公司各级单位之间信息系统纵向贯通及应用的检修。计划检修是指列入年度、月度的检修计划。紧急抢修是指因系统或设备异常影响系统正常使用需紧急处理以及系统故障停运后所开展的应急处置工作。

图 2-4 检修管理

检修查询：点击检修管理，进入检修管理查询，可查询所有检修计划。

4.两票管理

两票管理用于管理工作票、操作票，与缺陷、检修等工作有关联。下面主要介绍两票拟办和两票查询。

两票拟办：点击两票管理，进入拟办待办，点击拟办，点击新增两票，填写工作班成员、工作内容，选择工作方式、工作类别、工作任务。其中带"*"的为必填项，其余为默认选项，完成后点击保存并发送，进入两票管理流程，如图 2-5 所示。经工作票签发人签发、许可人许可等步骤后，最终完成两票归档，两票执行结束。

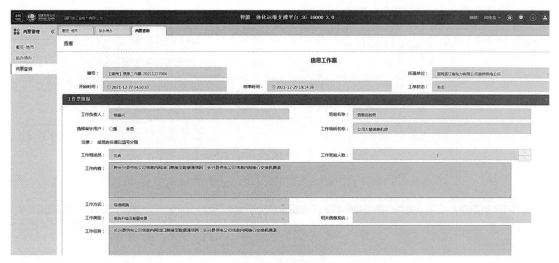

图 2-5 两票管理

两票作废：点击两票管理，进入拟办待办，点击拟办，选中要作废的工作票，点击作废，确认后作废。已完工的两票无法作废。

两票查询：点击两票管理，进入两票查询，可查询所有工作票。

第二节 通信管理系统 SG-TMS 基本应用

一、教学目标

通信管理系统 SG-TMS 简称 TMS 系统，是电力通信网管理系统的重要组成部分。本节以 TMS 系统的资源信息管理、检修管理、缺陷管理、方式管理模块为例，介绍 TMS 系统的相关应用。

二、操作步骤和方法

1. 资源信息管理

资源信息管理是通信运维的基础，包括基础设施、通信业务、传输网、业务网、支撑网等基础数据。单击"资源信息管理"，选择要维护的资源，进入资源维护界面，如图 2-6 所示。

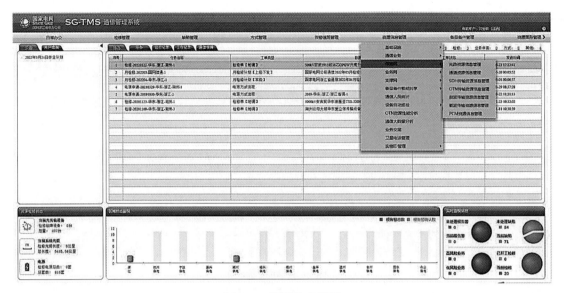

图 2-6　资源信息管理

资源新增：选中网元类型，以交换网为例，右击，在弹出的快捷菜单中选择"新建交换网网元"命令，填写交换网网元信息，如名称、所属区域、权限管辖单位、数据维护单位、告警监视单位等，其中带 * 的为必填项，完成后单击"保存"按钮，如图 2-7 所示。

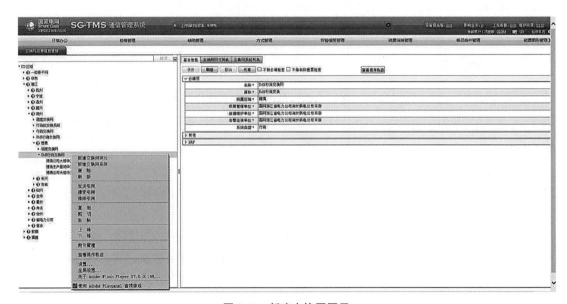

图 2-7　新建交换网网元

资源修改、资源报废：选中需要修改 / 报废的资源，单击"设备修改 / 报废"按钮，进入相关设备，修改相关字段后，完成资源修改 / 报废，如图 2-8 所示。

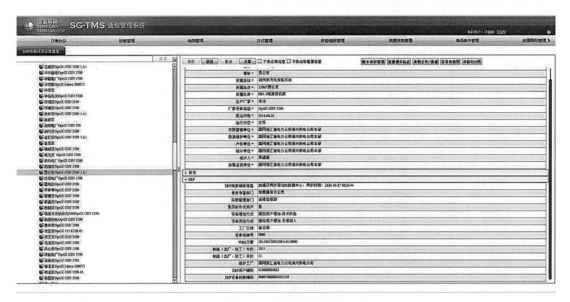

图 2-8 资源修改 / 报废

2. 方式管理

方式管理用于业务、光路等资源申请及变更。选择"方式管理",单击方式单→新建按钮,填写通信方式单信息,如编号、申请时间、方式来源、申请单位 / 部门等。其中带 * 的为必填项,其余为默认选项,完成后单击操作,选择下一步审核人员,通过流程图可查看方式流转到哪一步,可进行跟踪管理,如图 2-9 所示。

图 2-9 方式管理

3. 检修管理

检修管理用于规范通信检修工作，分检修计划和检修票两步。

检修计划：选择"检修管理"，进入检修计划，启动月计划填报流程，填写月计划信息，如工单编号、标题、计划月份、影响范围等，完成后单击"保存"按钮，如图 2-10 所示。

图 2-10　填报月计划

检修计划一般在实施前一个月提报，确定影响单位，如地市公司、省公司、分部、总部。通过流程图可查看检修计划流转到哪一步，可进行跟踪管理，如图 2-11 所示。检修计划经相关单位部门审核通过后，系统自动生成月度检修平衡会统计表，如图 2-12 所示。

图 2-11　月计划

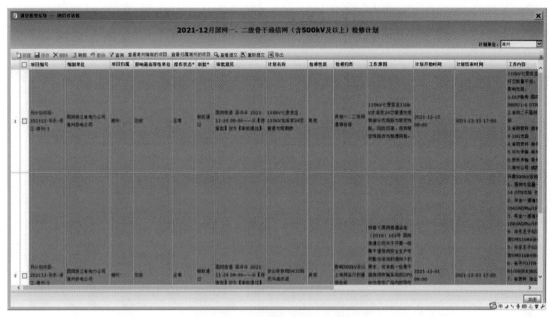

图 2-12　月度检修平衡会统计表

检修票：选择"检修管理"，进入通信检修票，左侧菜单栏中点击检修票填写→新建，根据最终确定的检修计划填写检修票，如检修票编号、填写时间、申请单位、申请人、联系电话、检修类型、检修类别、申请开工时间、申请完工时间、影响业务等级等，其余为默认选项，关联检修计划、方式单，完成后点击操作，选择下一步审核人员，通过流程图可查看方式流转到哪一步，可进行跟踪管理。通信运维人员应按照审核通过的检修票，开展通信检修工作，如图 2-13 所示。

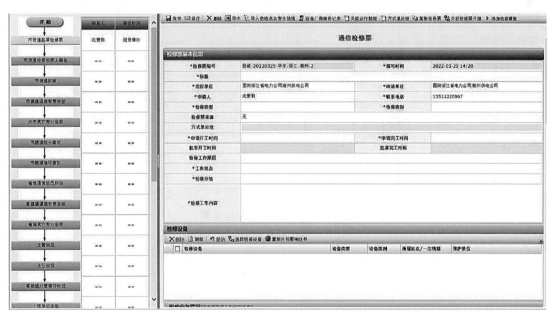

图 2-13　通信检修票

检修票查询：在左侧菜单栏中点击检修票管理→全部，可查看所有编制的检修票，如图 2-14 所示。双击选中的检修票，可查看检修票具体情况，如图 2-15~ 图 2-17 所示。

图 2-14　检修票查询

图 2-15　至国网/华东检修票

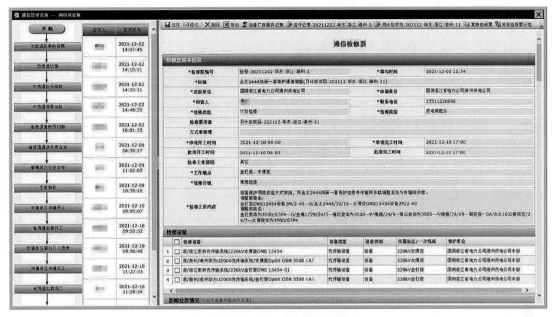

图 2-16 至省公司检修票

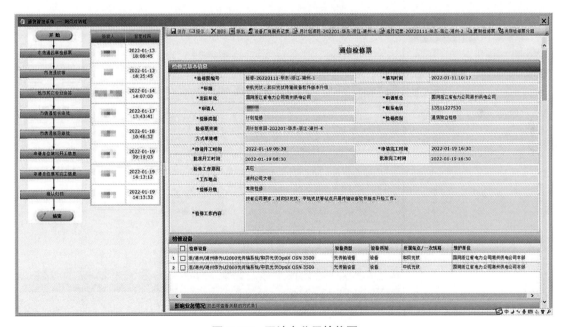

图 2-17 至地市公司检修票

4. 缺陷管理

点击缺陷管理，在左侧菜单栏中点击缺陷单填写→新建工单，填写缺陷单信息，如工单编号、缺陷上报人、缺陷来源、缺陷类型、缺陷现象描述等，完成后点击操作，选择下一步审核人员，流程图可查看方式流转到哪一步，可进行跟踪管理，直至验收归档。

缺陷查询：点击缺陷单管理，单击缺陷单管理→全部工单，可查看所有缺陷，如

图 2-18 所示。双击可查看缺陷处置情况，如图 2-19 所示。

图 2-18 缺陷查询

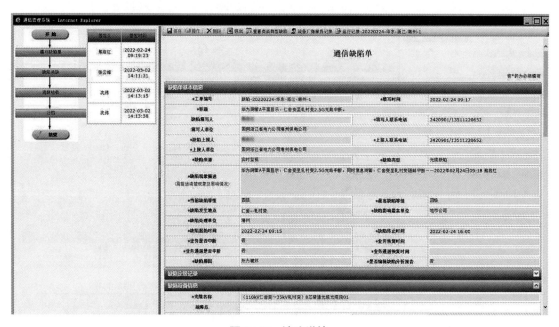

图 2-19 缺陷详情

第三节　桌面终端标准化系统基本应用

一、教学目标

桌面终端标准化管理系统是桌面管理软件，通过资源资产、终端安全策略、桌面风险审计、补丁检测分发、终端运行状态监控和终端行为审计等功能实现对终端的监管。本节以北信源桌面终端标准化管理系统系统配置、策略中心、资产信息、审计报警模块为例，介绍北信源桌面终端标准化管理系统配置与管理。

二、操作步骤和方法

北信源桌面终端标准化管理系统由 8 个部分组成：SQL Server 管理信息库、Web 中央管理配置平台、区域管理器、WinPcap 程序、客户端注册程序、补丁下载服务器、管理器主机保护模块、报警中心模块。

（1）SQL Server 管理信息库：桌面终端标准化管理系统的初始化数据库。

（2）Web 中央管理配置平台：桌面终端标准化管理系统的配置中心，包括区域管理器、扫描器、注册客户端的功能参数设定、网络设备信息发现、系统应用策略制定、报警信息显示、定义任务功能制订、系统用户维护等配置操作。

（3）区域管理器：桌面终端标准化管理系统的系统数据处理中心，负责与管理信息数据库通信扫描终端设备、控制服务器和客户端之间的信息、指令的下达和接受。对于存在多个管理要求的广域网，网络中可以设置多个区域管理器，实现系统数据逐级上报和转发，对网络终端的多级管理。

扫描器配合区域管理器工作，可以在分级模式下使用。扫描器只依据 Web 中央管理配置平台中配置的工作范围进行扫描。

（4）WinPcap 程序：嗅探驱动软件，监听共享网络上传送的数据。

（5）客户端注册程序：接收并执行服务器下发的指令。

客户端注册程序功能包括：实时监测本机硬件属性信息变化。实时对本机 IP、MAC 地址变化进行审计。实时监测本机系统补丁、软件、运行进程状况。探测本机是否有违规外联行为。阻断本机非法外联行为。接受 Web 中央管理配置平台的管理命令。执行 Web 中央管理配置平台下发的各种策略操作。

（6）补丁下载服务器：实时发布最新补丁，并监管补丁安装情况。

（7）管理器主机保护模块：根据管理器或其他服务器具体使用的端口、网络协议、通信 IP 范围和具体的其他网络应用定义该计算机使用的安全级较高的网络配置，从而防止该计算机受到恶意 IP 冲突及各种网络、蠕虫攻击。

（8）报警中心模块：安装在与区域管理器正常通信的计算机上，提供电子邮件、信使服务、SNMP Trap、手机短信等多种报警方式。

北信源桌面终端标准化管理系统安装完成后会自动生成两个账号，一个为 admin 账号，即系统管理员账号，用于进行 Web 中央管理、扫描器等功能模块配置；另一个为 aduit 账号，即系统审计账号，用于进行系统审计。

1. 系统登录与退出

通过浏览器登录 http:// xx. xx. xx. xx/Vrveis，输入系统管理员用户名、密码，单击"登录"按钮，进入桌面终端标准化管理系统。

2. 系统配置

系统配置包括区域管理、扫描器、账户和权限等配置。其中，系统快速配置适合单区域配置的中小型单位，不适合区域配置较为复杂的大型单位，本章介绍的为非快速配置管理。

（1）进入配置管理→系统配置，完成区域及扫描器配置。

区域配置：点击区域划分与配置标签，添加下级区域，选中区域树目录中区域管理层级，点击增加下级区域，输入负责人姓名、区域名称，其余为默认选项，点击保存按钮，区域树目录下将显示新添加的区域。修改区域，点击要修改的区域，在区域信息描述中修改负责人姓名、区域名称，保存后完成修改。删除区域，选中区域树目录下要删除的区域，点击删除该区域即可。需要强调的是根节点一旦生成后将无法删除，如图 2-20 所示。

首次登录系统时需配置根节点信息，在区域信息描述中输入负责人姓名、区域名称，点击保存。保存后区域树目录下会显示新添加的根节点，严禁修改附加项中区域机构代码，该字段为级联关键字段。

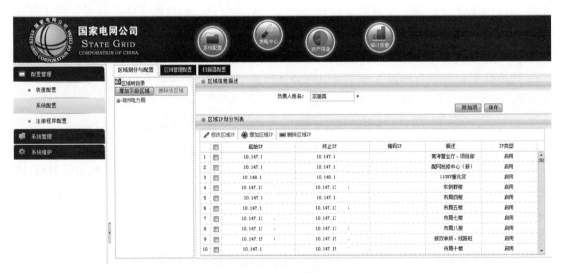

图 2-20　配置管理

区域 IP 地址划分：添加区域 IP 地址，选中区域，点击区域 IP 划分列表中增加区域 IP 按钮，在区域增加 IP 段，输入起始 IP、终止 IP，完成后保存。若该区域为预留地址（非管控地址），在区域保留 IP 段，输入起始 IP、终止 IP，完成后保存。上层区域管控 IP 地址必须包含所有下层区域管控 IP。修改区域 IP 地址，选中需修改的网段，点击修改区域 IP 按钮，输入修改的 IP，保存后完成修改。删除区域 IP 地址，选中需删除的网段，点击删除区域 IP，若包含子区域也会一并删除。

区域管理配置：点击区域管理配置标签，需在首次登录系统时配置完成。输入区域管理名称、服务器 IP 地址、管理器标识点击详细信息按钮，选中允许客户端注册、管理器配置同步允许全部区域，其余为默认选项，点击保存确认，如图 2-21 所示。点击高级配置，在系统配置标签中，选中上报给上级管理器，输入本机侦听端口、探头侦听端口、上级管理器地址、数据接收端口、报警接收端口，其余为默认选项，点击保存设置确认。

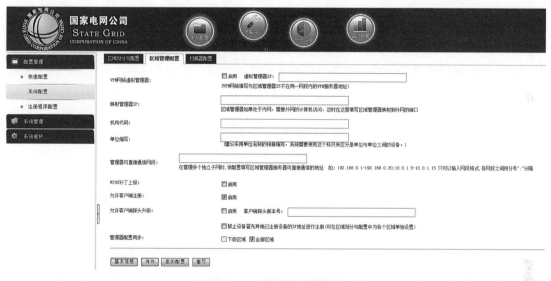

图 2-21　区域管理配置详

扫描器配置：点击扫描器配置标签，增加扫描器，点击增加扫描器按钮，输入区域扫描器的名称、区域扫描器的 IP 地址、扫描间隔，可从区域 IP 范围中选择扫描网段，也可输入 IP 地址、终止地址，建议不使用掩码，选中是否允许扫描，其余为默认选项，点击添加按钮。修改扫描器，选中要修改的扫描器，点击修改按钮，按要求进行修改，点击修改按钮。删除扫描器，选中要修改的扫描器，点击删除，确认后即可。通常情况下高级配置采用默认选项。

（2）进入配置管理→注册程序配置，完成采集客户端信息配置。点击注册程序配置，启用使用人项、单位名称项、部门名称项、联系电话项，选中如果与区域管理器无法连通则禁止注册（禁止缺省注册）选项，输入区域管理器 IP 地址，完成后点击生成注册程序，其余为默认选项，点击生成注册文件按钮，如图 2-22 所示。系统会自动生成客户端注册文件，用户可在系统登录界面下载。

图 2-22 注册程序配置

（3）进入用户管理，完成用户账户权限配置。点击用户管理，管理员用户列表显示所有系统账户，也可在搜索条件，输入用户名称，查询该用户是否存在。

增加用户：点击增加按钮，输入新增的用户名称、用户密码、密码确认，点击添加按钮。

删除用户：点击需删除的用户，在管理列表中点击删除，确认后删除，其中 admin 用户无法删除。

除管理员账户，新建的账户一般用于制作 U 盘，这里仅介绍如何赋予用户制作安全 U 盘权限。选中用户，点击分配可用 USB 标签设置按钮，进入设置用户 USB 标签界面，选中浙江省电力公司！SAFE6 标签，单击分配给网管，操作后已分配给该网管标签栏中会显示该标签，如图 2-23 所示，其余为默认选项，完成后点击保存网管可用标签。

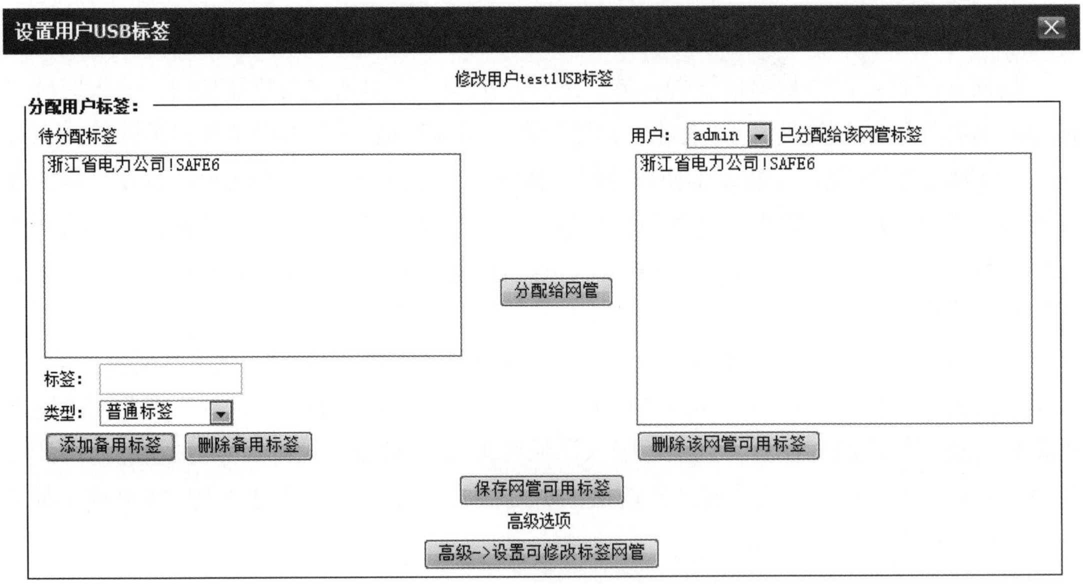

图 2-23 设置用户 USB 标签

3. 策略中心

该模块是桌面终端标准化系统配置的关键。系统通过下发的配置策略，自动记录、控制所辖终端行为，实现对终端的全面监控。如果多个启用的策略被同时分配给同一个行为，则系统会启用 ID 最大的策略。

（1）进入安全准入管理，配置终端准入策略，一般启用阻断违规接入、补丁与杀毒软件认证两条策略，用于防止未安装管控程序终端、未安装防病毒终端入网。

阻断违规接入：点击阻断违规接入管理，选中没有注册则阻断联网，输入阻断持续时间、警告信息，其余为默认选项，保存设置后策略启用，如图 2-24 所示。

图 2-24　阻断违规接入策略

补丁与杀毒软件认证：点击补丁与杀毒软件认证，新增策略，单击创建策略按钮，在基础设置中启用杀毒软件安全检测，输入未安装杀毒软件提示信息，其余为默认选项，完成后点击应用按钮，如图 2-25 所示。关闭编辑界面，选中刚创建的策略，单击启用。若已创建相关策略，可点击复制策略，并根据实际情况，完成修改。删除策略，可选中需删除的策略，点击删除选中策略，确认后完成删除。启用策略、复制策略、删除策略操作步骤均类似，下文将不再赘述。

图 2-25　补丁与杀毒软件认证策略

（2）进入行为管理及审计，配置控制终端行为策略，常启用文档内容检查策略，用于配合保密文件检查。

文档内容检查：点击文档内容检查，新增策略，单击创建策略按钮，在基础设置中输入文件夹（若填写内容为空，则全盘扫描）、检查文件后缀名（若填写内容为空，则只检查 .doc、.docx 格式的文档）、检查内容（以英文半角;隔开），选择检测选项、逻辑条件匹配方式、发现违规内容处理方式，其余为默认选项，完成后点击应用按钮，如图 2-26 所示。

图 2-26 文件内容检查策略

（3）进入基本安全管理，配置终端安全运行相关策略，一般启用硬件设备控制、主机安全策略、违规外联监控、文件分发四条策略，提供控制终端硬件设备、监控终端用户密码复杂度、监控网络异常连接行为、提供文件分发等功能。

硬件设备控制：点击硬件设备控制，新建策略，单击创建策略按钮，在基础设置中确定光驱、软驱、调制解调器等是否启用，内网终端禁用调制解调器、无线网卡、手机，其余为默认选项，完成后点击应用按钮，如图 2-27 所示。

图 2-27 硬件设备控制策略

主机安全策略，应用于终端安全加固，常启用用户密码策略、协议防火墙策略、注册表检查。

　　用户密码策略：点击主机安全策略→用户密码策略，新建策略，单击创建策略按钮，在基础设置中启用密码必须符合复杂性要求，密码长度最小值为 8 个字符、账户锁定时间 30 分钟，系统必须设置屏保，在恢复时使用密码保护，启用检测系统弱口令，检测到系统弱口令后上报并提示，其余为默认选项，完成后点击应用按钮，如图 2-28 所示。

图 2-28　用户密码策略

　　协议防火墙策略：点击主机安全策略→协议防火墙策略，新建策略，单击创建策略按钮，在基础设置控制列表中，完成访问策略增减。新增访问策略，单击添加端口连接控制，可完成对端口进行限制，如禁用 139、445 端口，解决共享禁用问题，单击添加 ICMP 协议控制，可控制 ping 命令，单击添加 IP 访问控制，对 IP 进行限制，其余为默认选项，完成后点击应用按钮，如图 2-29 所示。删除访问控制，选中需删除的访问控制，点击删除，确认后删除。

图 2-29　用户协议防火墙策略策略

第二章　重要系统应用

注册表检查：点击主机安全策略→注册表检查，新建策略，单击创建策略按钮，在基础设置检查项列表中完成需核对的注册表值增减。新增注册表值，单击新增，输入注册表项名称、键值，选择值类型、检测条件、适用操作系统、控制操作，完成后点击立即添加，如图 2-30 所示。删除注册表值，选中需删除的注册表值，点击删除，确认后删除。AutoShareServer、AutoShareWKS 为 0，控制网络共享，RestrictAnonymous 为 1，防止匿名登录。

图 2-30　注册表检查策略

违规外联监控：点击违规外联监控→防违规外联策略，新建策略，单击创建策略按钮，在基础设置检查项列表中，允许探头进行违规联网监控，每 60s 轮训一次，采用探测外网方式，专用地址为 www.sina.com.cn，通用地址为 www.163.com，禁止使用 IE 代理上网。若客户端同时连接内外网，则断开网络并关机（重启恢复），并作提示，其余为默认选项，完成后点击应用按钮，如图 2-31 所示。

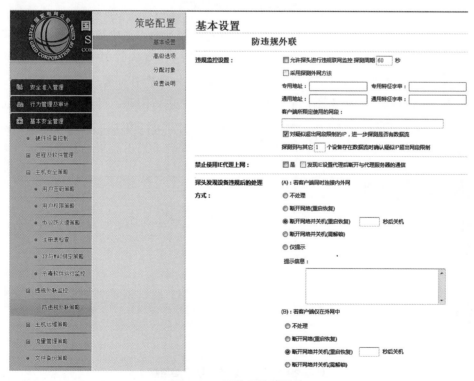

图 2-31　防违规外联策略

文件分发：点击文件分发，创建并启用文件分发策略，新建策略，单击创建策略按钮，在基础设置检查项列表中，输入要分发的文件名、保存目标路径，选择分发文件类型、是否以系统权限方式运行、是否进行安装成功检测，选中是否后台运行，其余为默认选项，完成后点击应用按钮，如图 2-32 所示。

图 2-32　文件分发策略

（4）进入数据安全管理，配置移动存储审计策略，用于管控外来移动存储设备。

移动存储审计：点击数据安全管理→移动存储审计，新建策略，单击创建策略按钮，在基础设置检查项列表中，禁止使用软盘，允许只读使用光盘，启用 U 盘标签认证，在认证标签列表下点击新增，选择浙江省电力公司 !safe6，保存并退出，其余为默认选项，完成后点击应用按钮，如图 2-33 所示。

图 2-33 移动存储审计策略

（5）进入公共策略，配置黑白名单配置、消息推送策略、终端配置策略，一般情况下，公共策略将配合其他策略共同使用，单独使用不奏效。

黑白名单配置：点击公共策略→黑白名单编辑，根据需要配置编辑进程黑白名单、软件黑白名单、URL 黑白名单、端口黑白名单，以添加软件白名单为例，点击编辑软件黑白名单，进入软件白名单标签，输入软件名、类型名称、描述，完成后保存，如图 2-34所示。

图 2-34 软件黑白名单

消息推送：点击公共策略→消息推送选项，创建并启用消息推送策略，新建策略，单击创建策略按钮，在基础设置检查项列表中，选择消息功能，填写消息内容，其余为默认选项，完成后点击应用按钮，如图 2-35 所示。

图 2-35　消息推送策略

终端数据收集策略：点击公共策略→终端配置策略，进入终端数据收集策略，新建策略，单击创建策略按钮，在基础设置检查项列表中，在数据上报至服务器列表中新增管理服务器，启用采集远程桌面连接，启用采集进程数据，启用系统操作行为，启用移动存储插拔采集，启用文件操作采集，启用软件列表采集，启用系统运行状态采集，并确定上报时间，启用开机后上报未提交数据，完成后点击应用按钮，如图 2-36 所示。

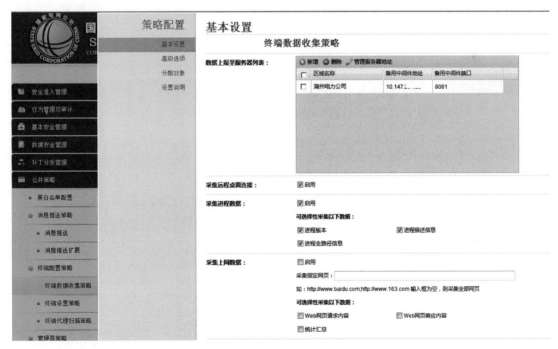

图 2-36　终端数据收集策略

4. 数据查询

数据查询为系统内资产信息板块，本文重点介绍本地资产统计、设备信息查询、级联

113

总控和终端管理。

（1）本地资产统计，包括本地注册情况统计、本地设备资源统计和本地设备类型统计。

本地注册情况统计：选择"本地注册情况统计"选项，输入设备名称、使用人、设备状态等信息，单击"查询"按钮，可获得相关数据列表。

本地设备资源统计：选择"本地设备资源统计"选项，可获得操作系统统计、系统内存统计、CPU 主频统计、硬盘存储量统计信息。

本地设备类型统计：选择"本地设备类型统计"选项，可获得注册设备信息。

（2）设备信息查询，包括设备信息查询、注册资产查询、安装软件查询、首次运行进程查询、共享目录查询、设备 IP 占用情况查询、硬件变化查询、计算机开关机查询，主要使用设备信息查询、注册资产查询、安装软件查询。

设备信息查询：选择"设备信息查询"选项，可通过条件、区域、自定义、系统定义、设备类型、通信代理设备、客户端版本进行统计，如图 2-37 所示。

图 2-37 设备信息查询

注册资产查询：选择"注册资产查询"选项，获得所有注册资产列表，管理员可导出报表，如图 2-38 所示。

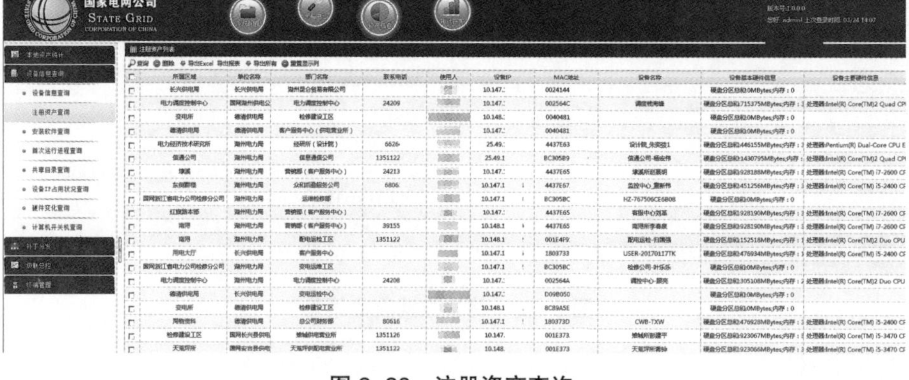

图 2-38 注册资产查询

安装软件查询：选择"安装软件查询"选项，输入软件名称、软件类别等，可以查看终端软件安装情况，如图 2-39 所示。

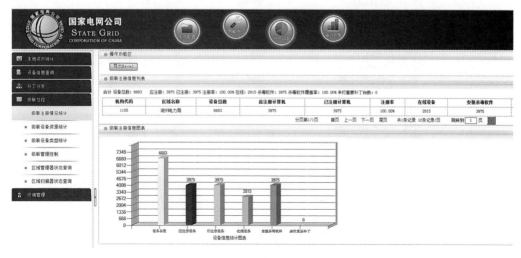

图 2-39　安装软件查询

（3）级联总控，包括级联注册情况统计、级联设备资源统计、级联设备类型统计、级联管理控制、区域管理器状态查询、区域扫描器状态查询，主要应用级联注册情况统计。

级联注册情况统计：选择"级联注册情况统计"选项，可获取级联注册信息列表，如图 2-40 所示。

图 2-40　级联注册情况统计

（4）终端管理，包括终端点－点控制，实现终端远程控制。选择"终端点－点控制"选项，输入终端控制 IP 地址，单击"确认"按钮，即可操控远程终端。

5.客户端操作

（1）安装客户端。登录桌面终端标准化管理系统。使用浏览器登录 http:// xx. xx. xx. xx/Vrveis/，单击客户端安装，系统提示"您想运行或保存此文件吗？"输入名称 DeviceRegist. exe，单击"运行"按钮，进入安装环节。规则：填写使用人、计算机所在地、联系电话、序列号、计算机型号，选择单位名称、部门名称，如图 2-41 所示，完成后单击"注册"按钮。注册结束后，用户可在 Windows 任务管理器中看到 vrvedp_m.exe、Vrvrf_c.exe、Vrvsagec. exe 等进程正常运行，如图 2-42 所示，桌面终端标准化管理系统客户端安装完毕。

图 2-41　安装客户端

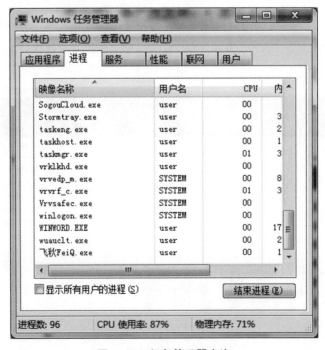

图 2-42　任务管理器查询

（2）卸载客户端。卸载客户端分三步：①获取客户端下载序列号。在客户端运行uninstalledp.exe，弹出卸载窗口，得到卸载码。②获取卸载密码。使用管理员账号，利用浏览器登录桌面终端标准化管理系统，单击"查看卸载密码"按钮，弹出"卸载密码"对话框（见图2-43），输入刚得到的卸载码，得到卸载密码。③回到卸载窗口，输入卸载密码，单击"卸载"按钮即可。

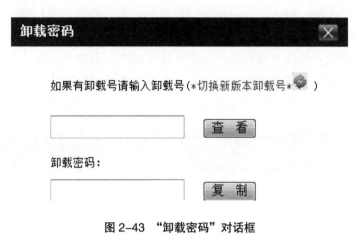

图2-43　"卸载密码"对话框

第四节　安全移动存储介质制作

一、教学目标

移动存储介质具有体积小、容量大、便于携带的特点，作为信息交换的一种便捷介质，已被计算机用户广泛使用。然而，普通存储介质因未推行密级保护管理，容易造成泄密、数据摆渡等严重问题。本章以北信源移动存储介质工具1.0为例，介绍如何制作安全移动存储介质。

二、操作步骤和方法

利用北信源移动存储介质工具在普通存储介质打上"!SAFE6"标签，使移动存储介质具备使用范围授权控制、访问控制等功能，提高移动存储介质的保密性和安全性。安全移动存储介质制作共有四种标签模式。

模式一：默认三分区，将移动存储介质制作成3个分区，即启动区、交换区及保密区。

模式二：启动区与交换区二合一。此模式与三分区的区别在于将启动区和交换区合二为一，登录交换区时无须输入登录密码。每个区的大小可以根据用户需求进行调整。

模式三和模式四一般不用来制作安全移动存储介质。

1. 新增制作 U 盘账户

（1）系统登录与注销。使用浏览器登录 http:// xx. xx. xx. xx/Vrveis/，输入系统管理员用户名、密码，单击"登录"按钮，进入桌面终端标准化管理系统。单击"安全退出"按钮，确认后即可退出系统。

（2）新建制作 U 盘账户。选择"系统管理"→"用户管理"标签，进入用户管理界面，单击"增加"按钮，输入用户名称和用户密码，密码必须为强口令，单击"添加"按钮，完成 U 盘制作用户账户创建，如图 2-44 所示。

（3）赋予新建账户制作 U 盘权限。选中新建的制作 U 盘账户，在"分配可用 USB 标签栏"单击"设置"按钮，弹出"设置用户 USB 标签"对话框。选中待分配用户标签，单击"分配给网管"按钮，类型选择"普通标签"，完成后单击"保存网管可用标签"按钮。

图 2-44　新建制作 U 盘账户

2. 赋予计算机制作 U 盘及重置密码权限

（1）获取设备 ID 工具。选择"系统管理"→"用户管理"标签，进入"用户管理"界面，在"分配可用 USB 标签栏"单击"设置"按钮，弹出"设置用户 USB 标签"对话框，单击"设置可初始化设备 ID"按钮，如图 2-45 所示。

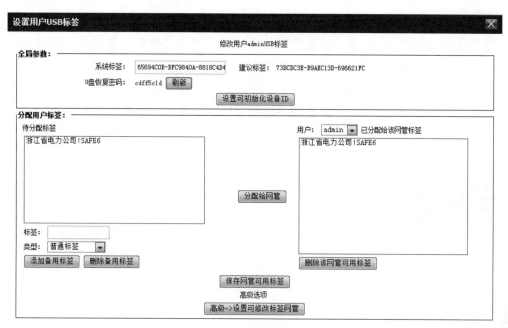

图 2-45　admin 设置用户 USB 标签

（2）将右侧滚动条拉至中部，可看到设备 ID 用一个独立的工具获取，点击图 2-46 中的"这里下载该工具"，可下载设备 ID 获取工具 DeviceNumber.exe。

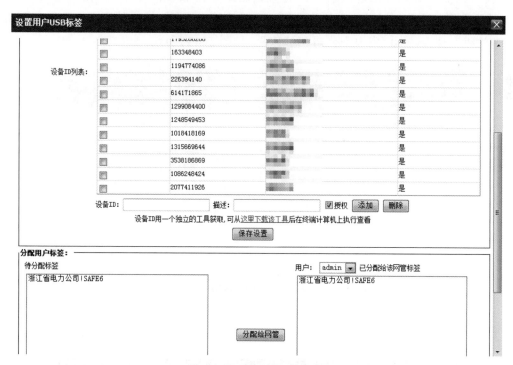

图 2-46　获取设备 ID 工具

（3）获取设备 ID。双击 ID 获取工具 DeviceNumber.exe，单击"拷贝"按钮，可得到设备 ID。

（4）设置可初始化设备。回至桌面终端标准化管理系统用户admin的可初始化设备ID，将获取的ID输入设备ID，描述填写计算机名，选中"授权"复选框，单击"添加"按钮，新添加的设备即可制作U盘和重置密码。

3. 制作安全移动存储介质

（1）获取U盘制作工具。登录桌面终端标准化管理系统，选择"系统维护"→"管理工具下载"，选中U盘特征制作工具，单击"下载"按钮，获取U盘制作工具USBTool.exe，如图2-47所示。

图2-47 获取U盘制作工具

（2）制作U盘。将U盘插在制作U盘计算机USB接口，双击U盘制作工具USBTool.exe，输入桌面终端标准化管理系统IP地址，制作U盘账号、密码，单击"登录"按钮，进入"可移动存储设备打标签工具"界面。选择单位、部门，输入使用人，选中"自动编号"复选框，选择"浙江省电力公司!SAFE6"，如图2-48所示。

图2-48 设置U盘信息

单击"U盘打标签"按钮，进入"标签模式"界面，选择"缺省三个分区"标签，打标签模式设置选择"普通模式",加密算法选择 SMS4;拉动分区大小,确定交换区、保密区大小;"详细配置"中选中"初始化密码强制修改""支持灾难备份"复选框,单击"开始"按钮,如图 2-49 所示。

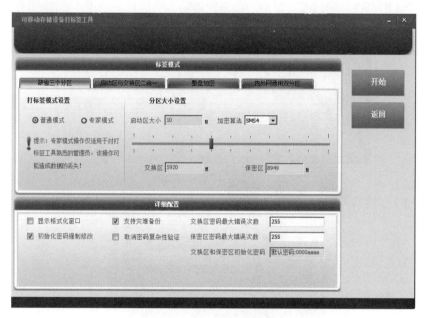

图 2-49 U 盘标签模式

完成后工具提示"分区成功!",单击"确定"按钮,会看到"移动设备驱动器 G:\ 写入成功",表示安全 U 盘制作成功,如图 2-50 所示。安全移动存储介质初始口令为 0000aaaa。

图 2-50 U 盘制作成功

4. 使用安全移动存储介质

变更安全移动存储介质初始密码。重新插拔安全移动存储介质，计算机会自动弹出"国家电网移动存储介质管理系统安全盘"登录界面，首次登录时，系统会自动弹出修改密码界面，按要求输入旧口令、新口令，单击"确定"按钮，完成口令变更，如图 2-51 所示。

图 2-51 初次使用安全移动存储介质

安全移动存储介质使用。在国家电网移动存储介质管理系统安全盘登录界面输入修改后口令，可进入安全移动存储介质交换机，用户可进行数据交互。

重新制作标签。将 U 盘插在制作 U 盘计算机 USB 接口，双击 U 盘制作工具 USBTool.exe，输入制作 U 盘账号、密码，进入"可移动存储设备打标签工具"界面，单击"清除标签"按钮，完成后即可按照新建安全移动存储介质操作进行 U 盘制作，如图 2-52 所示。

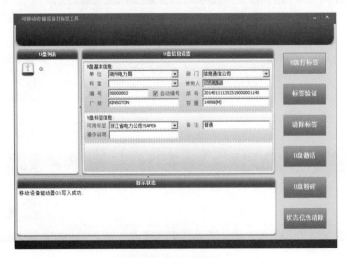

图 2-52 清除标签

第五节　协同办公系统基本应用

一、教学目标

协同办公是办公类软件，解决公司日常办公、资产管理、业务管理、信息交流等协同作业。本节以系统配置、浙江统一用户、发文管理、收文管理、签报管理、会议管理为例，介绍协同办公系统系统配置与管理。

二、操作步骤和方法

1. 协同办公系统配置

进入系统配置，完成协同办公系统配置。

（1）初始化配置：点击系统配置→初始化配置，在基本设置中填写单位代码（由上级单位统一分配，用于与上级服务器级联）、办公安全—服务器地址、上级单位引擎地址、上级单位 solr 请求地址、上级单位域名、上级单位 CompanyCode、上级单位网省代码、上级单位 solr 片区、上级单位片区编号，其余为默认选项，如图 2-53 所示，完成后点击保存。

图 2-53　初始化配置

（2）单位管理配置：用于管理单位类别、单位信息。

单位类别配置：点击单位管理→单位类别，添加单位类别，点击添加按钮，填写单位类别序号、单位类别名称、单位子类序号、单位子类名称，是否为党组（委）单位，其中单位子类是单位类别所辖单位部门，完成后点击保存；修改单位类别，单击要修改的单位类别，修改后保存；删除单位类别，选中要删除的单位类别，点击删除按钮，确认后删除。

单位信息配置：点击单位管理→单位信息，添加单位信息，点击添加按钮，选中一级分类，填写排列序号、单位（部门）全称、接收单位名称、接收部门名称、单位级别、级别编码、单位所在省市、所属区域、单位编码、上级单位、上级单位 ID、上级单位编码、国网对应部门名称、国网该部门排序号、国网部门对应序号，其余为默认选项，完成后点击保存，如图 2-54 所示。

修改单位信息：单击需修改的单位，修改后保存；删除单位信息，选中需删除的单位，点击删除按钮，确认后删除。管理员可通过导出单位列表按钮，保存单位信息，也可通过批量导入单位 ID 按钮导入单位信息。

图 2-54　单位信息配置

2. 账号权限配置

进入浙江统一用户的统一用户，完成账号权限配置。

（1）单位配置：点击统一用户→用户→单位管理。

新增单位：单击"新增"按钮，在弹出的"单位管理"对话框中输入单位编码、单位名称、显示顺序，选择上级单位、所属省公司，带 * 为必填项，完成后提交确认，如图 2-55 所示。

修改单位：单击需要修改的单位，修改后提交确认。

删除单位：选中需要删除的单位，确认后删除。

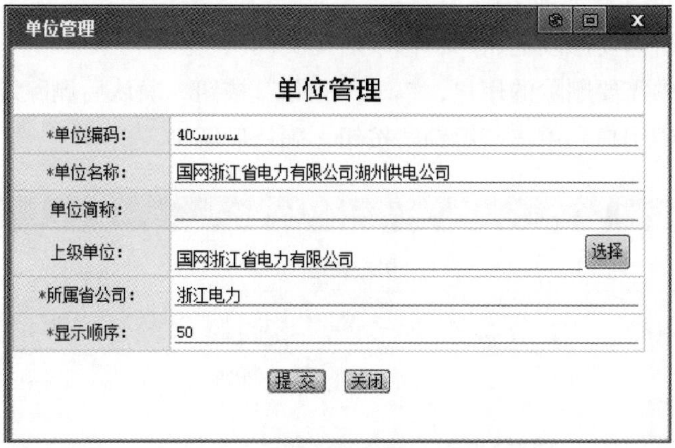

图 2-55 单位管理

（2）组织配置：点击统一用户→组织管理，新增组织。

新增组织：单击"新增"按钮，在弹出的"组织管理"对话框中输入组织编码、组织名称、组织简称显示顺序、描述信息，选择上级组织、部门领导，带 * 为必填项，完成后提交确认，如图 2-56 所示。

修改组织：单击需要修改的组织，修改后提交确认。

删除组织：选中需要删除的组织，确认后删除。

图 2-56 组织管理

（3）用户配置：点击统一用户→用户管理。

新增用户：单击"新增"按钮，在弹出的"用户管理"对话框中输入用户编码、用户

名称、用户性别、用户密码、用户状态、移动电话等，用户状态选择启用带＊为必填项，完成后提交确认，如图2-57所示。

修改用户：单击需要修改的用户，修改后提交确认。

删除用户：选中需要删除的用户，单击"删除"按钮，确认后删除。

用户解锁：选中用户，单击"解锁"按钮，确认后解锁。

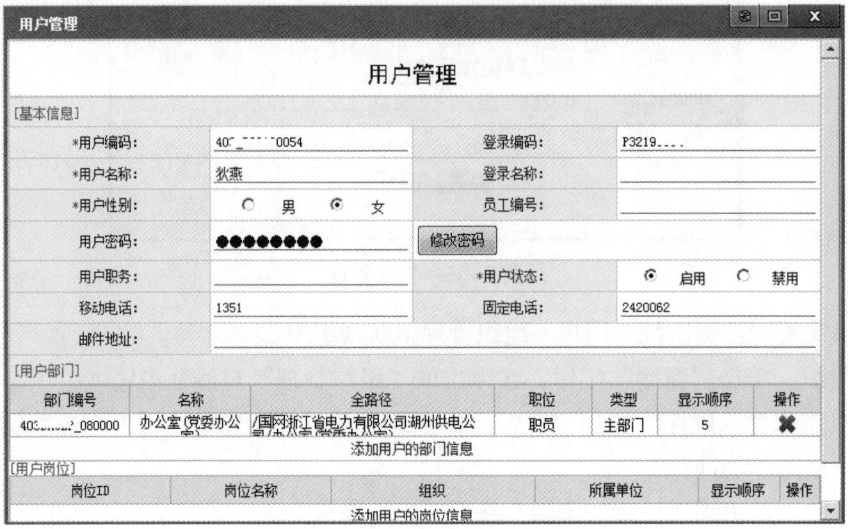

图 2-57 用户管理

（4）角色配置：点击统一用户→角色管理。

新增角色：单击"新增"按钮，在弹出的"角色管理"对话框中选择所属系统、所属组织，输入角色编码、角色名称，带＊为必填项，完成后单击"提交"按钮，如图2-58所示。

删除角色：选中需要删除的角色，单击"删除"按钮，确认后删除。角色无法进行修改，仅允许删除。

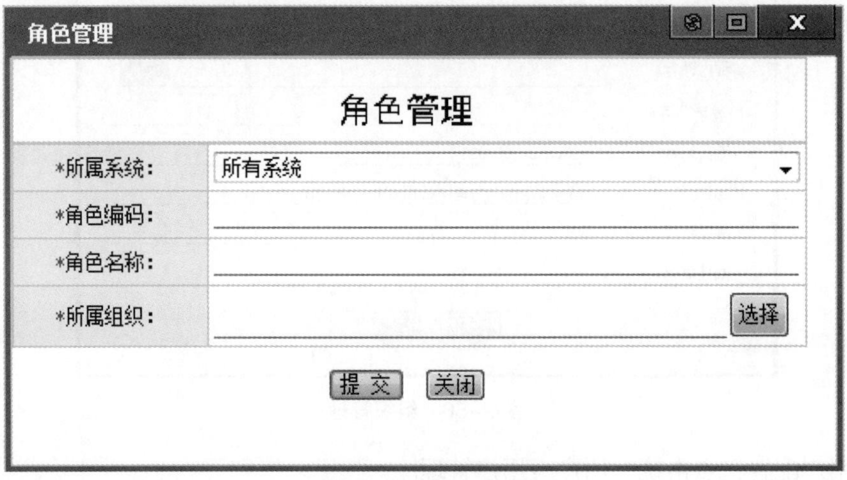

图 2-58 角色管理

（5）角色用户配置：点击统一用户→角色用户。

新增角色用户：点击新增按钮，输入显示顺序，选择角色信息、组织信息、用户信息，带 * 为必填项，完成后提交确认，如图 2-59 所示。

删除角色用户：选中需删除的角色用户，单击删除按钮，确认后删除。角色用户无法进行修改，仅允许删除。

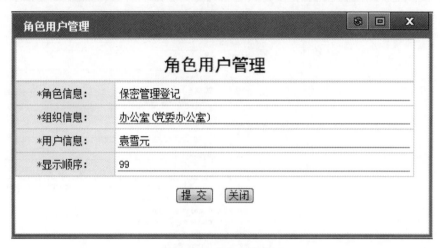

图 2-59　角色用户管理

3. 发文管理

进入系统首页→公文管理→发文管理→配置信息，完成发文配置。

（1）保密单位配置：确定涉密文件归口管理部门，点击保密单位配置，添加保密单位，点击添加按钮，输入序号、事项类型，秘密事项、知悉范围，选择秘级、保密期限、标密部门，完成后保存确认，如图 2-60 所示。

修改保密单位：单击需修改的保密单位，修改后保存确认。

删除保密单位：选中需删除的保密单位，确认后删除。

图 2-60　保密单位配置

（2）文件类型配置：

添加文件类型：点击新建按钮，在基本设置中输入排列序号、文件分类、文件形式、启用流程等，选择所属分类，带 * 为必填项。在模板设置中输入模板名称，选择模板类型、模板

第二章 重要系统应用

文件，其余为默认选项，完成后保存确认，如图 2-61 所示。

修改文件类型：单击需要修改的文件类型，修改后保存确认。

删除文件类型：选中需要删除的文件类型，确认后删除。

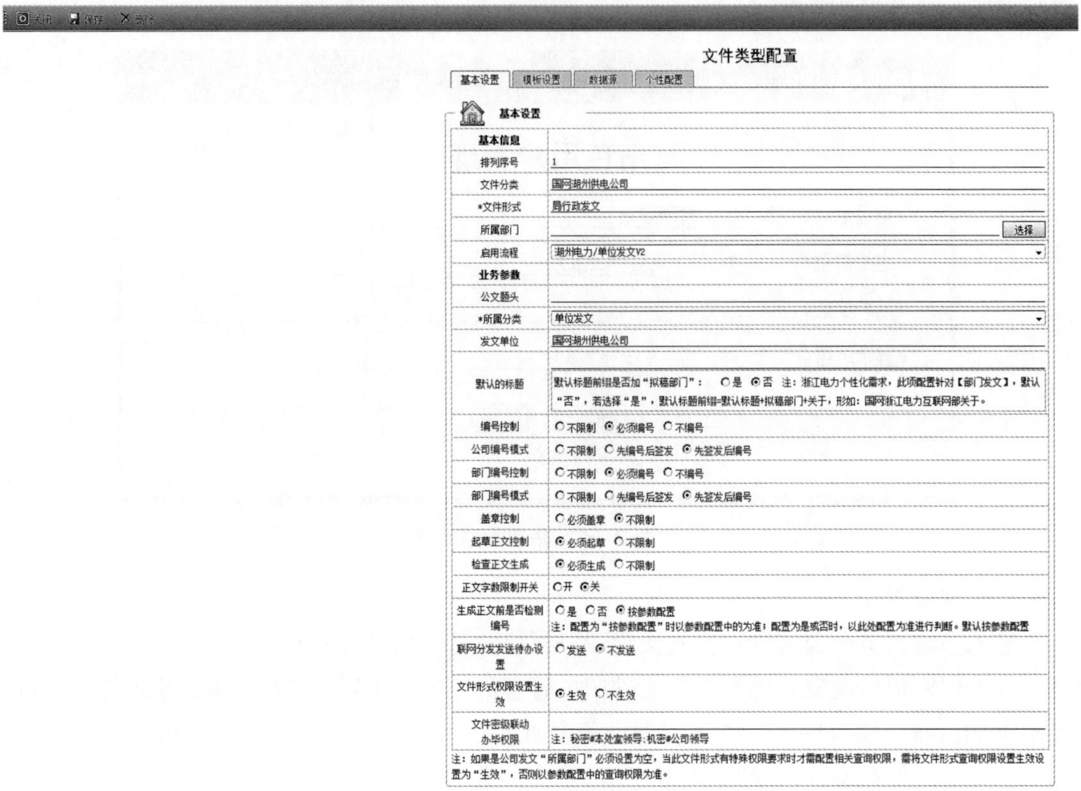

图 2-61 文件类型配置

（3）文件字配置：

添加文件字：单击"新建"按钮，输入排列序号、文件字，选择文件形式、可拟稿部门、可编号部门，完成后保存确认，如图 2-62 所示。

修改文件字：双击需要修改的文件字，修改后提交确认。

删除文件字：选中需要删除的文件字，确认后删除。

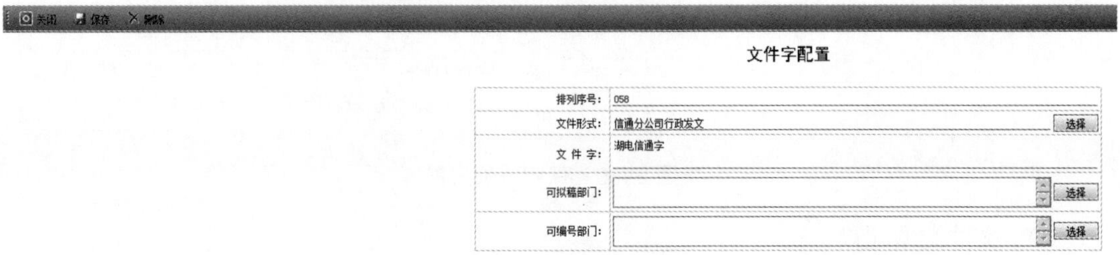

图 2-62 文件字配置

（4）文号配置：

添加文号：单击"新建"按钮，输入文号名称、流水号中序号的位数、序号的初始值，选择对应文件形式、文件字、启用文号、格式中是否有年度，其余为默认选项，完成后保存确认，如图 2-63 所示。

修改文号：单击需要修改的文号，修改后保存确认。

删除文号：选中需要删除的列表项，确认后删除。

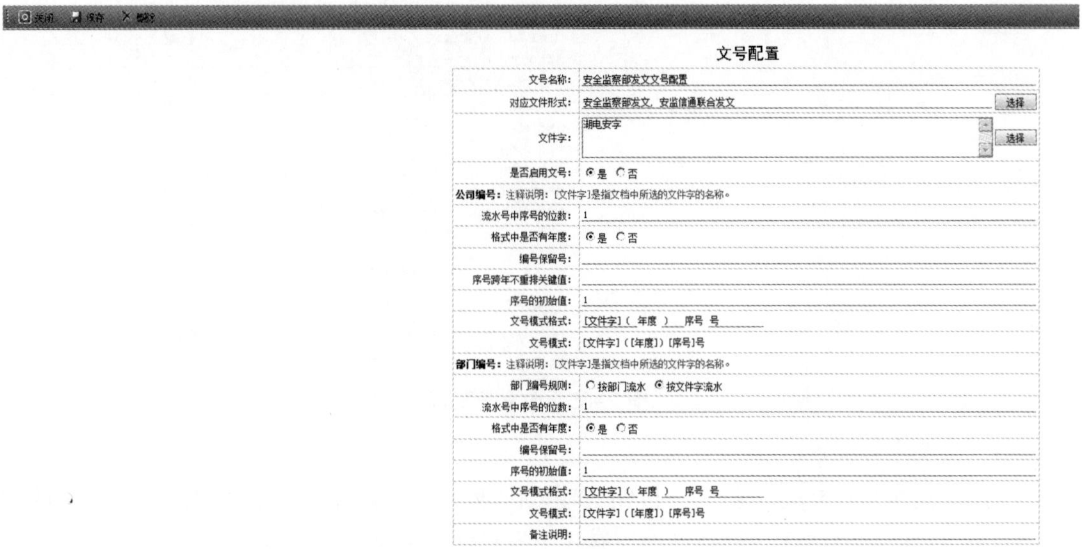

图 2-63　文号配置

4. 收文配置

进入系统首页→公文管理→收文管理→配置信息，完成收文配置。

（1）文件类型配置：

添加文件类型：点击新建按钮，输入排列序号、文件分类、类型名称，选择启用流程、所属分类，其余为默认选项，完成后保存确认，如图 2-64 所示。

修改文件类型：单击需修改的文件类型，修改后提交确认。删除文件文件类型，选中需删除的文件类型，确认后删除。

图 2-64　文件类型配置

（2）收文号配置：

添加收文号：点击新建按钮，输入配置名称、序号的初始值，选择对应文件类型，开启启用、格式中有年度，其余为默认选项，完成后保存确认，如图2-65所示。

修改收文号：单击需要修改的收文号，修改后保存确认。

删除收文号：选中需要修改的收文号，确认后删除。

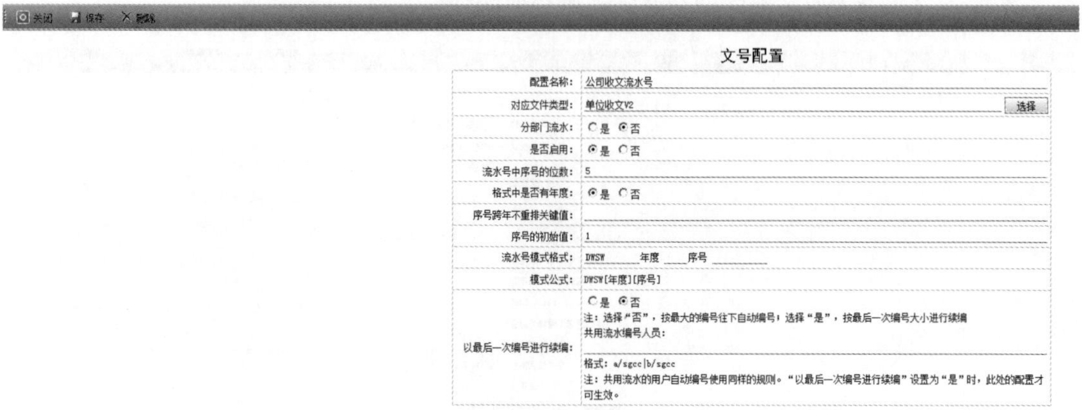

图 2-65　收文号配置

（3）大流水号配置：

添加大流水号：单击"新建"按钮，输入配置名称、流水号中序号的位数、序号的初始值，选择对应文件类型，开启启用、格式中有日期，其余为默认选项，完成后保存确认，如图2-66所示。

修改大流水号：双击需修改的大流水号，修改后保存确认。

删除大流水号：选中需删除的大流水号，确认后删除。

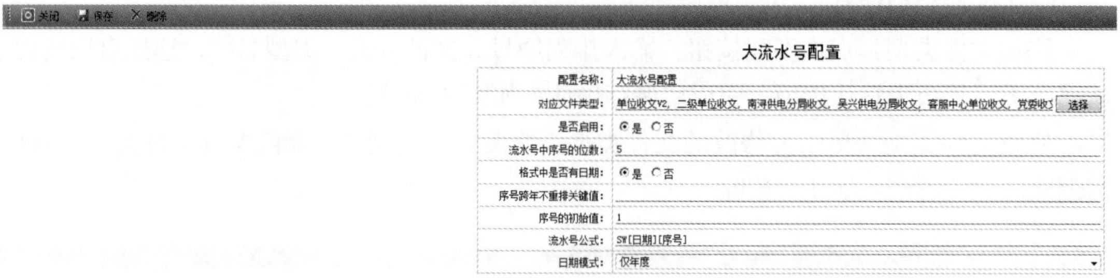

图 2-66　大流水号配置

（4）登记配置：

添加登记：点击新建按钮，选择收文登记人、公文接收的单位、公文接收的部门、启用流程、登记流程、所属部门，输入初始化流水号，其余为默认选项，完成后保存确认，如图2-67所示。

修改登记：双击需修改的登记，修改后保存提交。

删除登记：选中需删除的登记，确认后删除。

图 2-67 登记配置

5. 签报配置

进入系统首页→公文管理→签报管理→配置信息，完成签报配置。

（1）文件类型配置：点击文件类型，添加文件类型。点击新建按钮，输入排列序号、文件分类，选择启用流程，确定签报类型，其余为默认选项，完成后保存确认，如图 2-68 所示。

修改文件类型：双击需修改的文件类型，修改后保存确认。

删除文件类型：选中需删除的文件类型，确认后删除。

图 2-68 文件类型配置

（2）文号配置：

添加文号：点击新建按钮，输入文号名称、序号的初始值，选择文号种类、对应文件类型、对应流程，其余为默认选项，完成后确认保存，如图 2-69 所示。

修改文号：双击需修改的文号，修改后保存提交。

删除文号：选中需修改的文号，确认后删除。

文号配置

文号种类:	⊙公司编号 ○部门编号
	注："公司编号"对应主表单"编号"按钮，"部门编号"对应主表单"部门编号"按钮。
分部门流水:	○是 ⊙否
文号名称:	湖电签
对应文件类型:	单位签报　　　　　　　　　　　　　　　　　　　　[选择]
对应流程:	湖州电力/单位签报　　　　　　　　　　　　　　　　　　▼
是否启用文号:	⊙是 ○否
流水号中序号的位数:	1
格式中是否有年度:	⊙是 ○否
序号的初始值:	1
文号模式格式:	湖电签（　年度　）　序号　号
文号模式:	湖电签[(年度)][序号]号
注释说明:	配置参考格式："农电签（　年度　）序号号"。建议文件字处可填写为"公司签"、"发展部签"、"农电签"等类似文件字名称。不需要通过签报管理"文件字配置"配置文件字，只需在此直接配置上即可。即，若是存在多种部门编号情况，可创键多个"文件类型配置"，再在"文号配置"处配置多个对应的文件类型的签配置文档即可。不再使用到"文件字配置"文档，这样即可实现多部门编号。

图 2-69　文件类型配置

6. 会议管理

进入系统首页→会议管理→会议室配置，完成会议室配置。

会议室配置：点击会议室配置，添加会议室，点击新建按钮，输入序号、会议室所属、会议室地点、会议室楼层、会议室名称、是否视频会议室，若添加视频会议室，还需确定视频参会方式、视频会议室类型、会议室编号（由上级单位统一配置），其余为默认选项，完成后保存确认，并同步视频会议室，如图 2-70 所示。

修改会议室配置：双击需修改的会议室，修改后保存确认，视频会议室还需同步修改信息。

删除会议室配置：选中需删除的会议室，确认后删除，视频会议室还需同步删除信息。

会议室设置

基本信息　桌型设置　常规会议

序　号:	1
会议室所属:	⊙公司会议室 ○部门会议室 ○基层会议室 ○非公司会议室
会议室地点:	行政办公大楼
会议室楼层:	3
会议室名称:	302电视电话会议室
是否视频会议室:	⊙是 ○否
视频参会方式:	⊙硬视频 ○软视频 *非视频会议室此选项不可选择
视频会议室类型:	○行政会议室 ○应急会议室 ⊙其他会议室 *非视频会议室此选项不可选择
会议室编号:	95503009904
	注：视频会议室需配置该项，具体配置请参考《会议室编号规划方案》。
座位容量数:	36
桌椅配备情况:	
设备情况:	
可用情况:	
原　因:	
安排情况:	
冲突检测:	⊙检测 ○不检测
是否停用:	⊙启用 ○停用
备　注:	
实景照片上载:	[浏览][添加][删除] [预览][全部]

注：序号与座位容量数请填写数字

图 2-70　会议室配置

若一会议室既是普通会议室，又是视频会议室，则会议室名务必配置为不同名，否则会导致同步视频会议室出错。

第六节　IP 授权管理系统基本应用

一、教学目标

IP 授权管理系统基于 ARP 静态绑定原理，将该网段中有效的 IP 地址与用户计算机的 MAC 地址一一对应绑定，将备用的 IP 地址与虚拟的 MAC 地址做对应绑定，并将数据刷入交换机和 DHCP 服务器。本节以系统管理、单位管理、交换机管理、网段管理、IP 主机管理、DHCP 服务器管理模块为例，介绍 IP 授权管理系统的配置与管理。

二、操作步骤和方法

登录 IP 授权管理系统：使用 IE 浏览器打开 IP 授权管理系统，输入用户名、密码，单击"登录"系统，进入 IP 系统。

正常登入 IP 授权管理系统后，可以看到系统主界面上有 6 个选项：系统管理、单位管理、交换机管理、网段管理、IP 主机管理、DHCP 服务器管理，如图 2-71 所示。

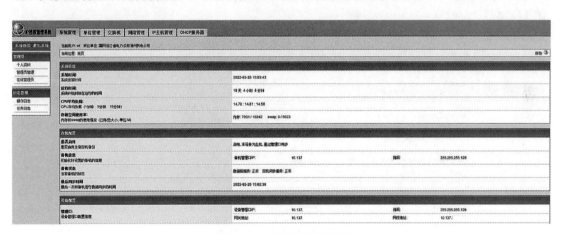

图 2-71　IP 授权管理系统

1. 系统管理

选择"系统管理"，进入管理员→个人资料，可以查看登录用户的基本信息。单击"修改个人资料"按钮，可以修改用户的基本信息，如图 2-72 所示。

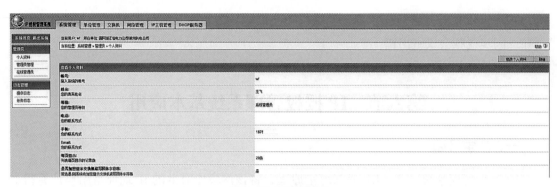

图 2-72　系统管理

创建用户：进入管理员管理，可新增、修改及删除用户。

新增用户：单击"新增管理员"按钮，输入账号、真实姓名、密码、所属单位，选择是否激活，确定管理员等级，如系统管理员、普通管理员，完成后新增确认，如图 2-73所示。

修改用户：双击需要修改的用户，修改后保存确认。

删除用户：选中需要删除的用户，确认后删除。

图 2-73　管理员管理

权限分配：在用户列表中选中需要赋权的用户，单击"权限分配"按钮，完成后提交确认，权限分配成功，如图 2-74 所示。

图 2-74　权限分配

网段授权：在用户列表中选中需要网络授权的用户，单击"网段授权"按钮，选中需要管理的网段，完成单击"授权选中网段"按钮，网段授权成功，如图 2-75 所示。

图 2-75　网段授权

日志管理：其功能分为操作日志和任务日志。操作日志指用户主机绑定入网信息、交换机增减、网段的增减等信息。任务日志一般指路由器与 DHCP 服务器同步信息。该系统日志中具备查询功能、日志导出功能，如图 2-76 所示。

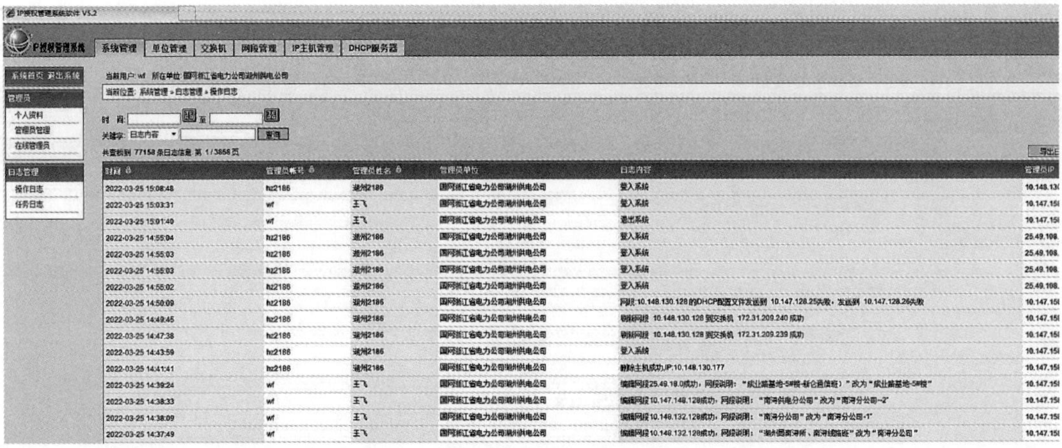

图 2-76　日志管理

2. 单位管理

进入单位管理模块，包括单位管理、部门管理、员工管理 3 个模块，其主要作用是将用户更加细化，方便运维人员以后的运维管理。

3. 交换机管理

交换机管理：其主要作用是增减三层交换机，选择"交换机管理"，可增加、修改及删除交换机。

增加交换机：单击"添加交换机"按钮，输入要关联交换机的密码、交换机的型号（接口的调用）、使用的远程登入协议（SSH-2、SSH-1、TELNET），如图 2-77 所示。

修改交换机：双击要修改的交换机，修改后保存确认。

删除交换机：选中要删除的交换机，确认后删除。

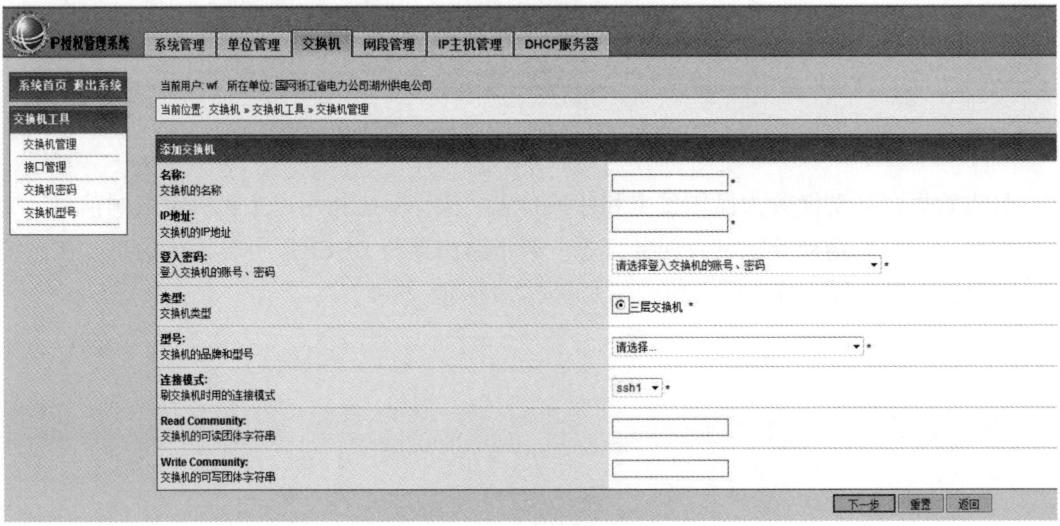

图 2-77　增加交换机

接口管理：主要作用是编辑交换机的登入命令、保存命令、ARP 命令、NOARP 命令，单击"添加接口"按钮可以增加端口，如图 2-78 所示。

图 2-78　接口管理

交换机密码模块：用于设置密码。

新增交换机密码：单击"添加密码"按钮，输入型号、密码等信息，完成后保存确认，如图 2-79 所示。

修改交换机密码：单击"编辑"按钮，修改后保存确认。

删除交换机密码：单击"删除"按钮，确认后删除。

图 2-79　交换机密码

交换机型模块：将使用同一交换机接口类型的交换机定义成同一型号的交换机，如图 2-80 所示。

新增交换机型号单击"添加交换机型号"按钮，输入型号名、接口等信息，完成后保存确认。

修改交换机型号：单击"修改"按钮，修改后保存确认。

删除交换机型号：单击"删除"按钮，确认后删除。

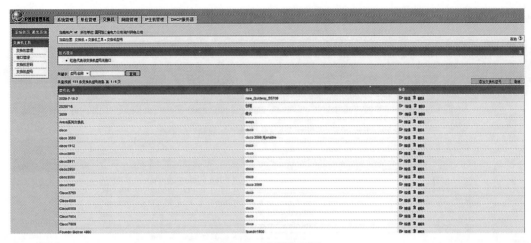

图 2-80　交换机型号

4. 网段管理

网段管理模块：主要分配和划分网段，将公司的大网络具体划分成各个逻辑上隔离的小网段，方便管理和运维。

添加网段：单击"添加网段"按钮，选择关联网段交换机、DHCP 服务器，输入网段地址、网段掩码等，完成后保存确认，如图 2-81 所示。

修改网段：双击要修改的网段，修改后保存确认。

删除网段：选中要删除的网段，确认后删除。

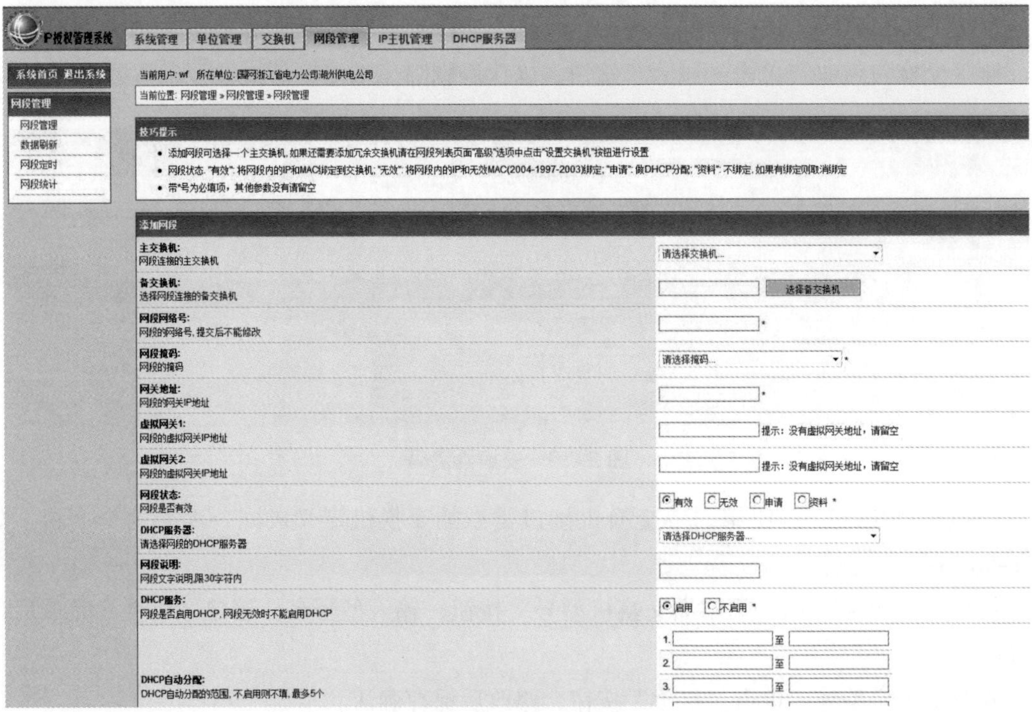

图 2-81　添加网段

数据刷新：若网段内有主机信息、网段信息被修改，需要重新刷新才能将改动的数据保存至服务器、交换机中。

网段统计：可用主机总数量、在用主机数量、网段的利用率等形成统计报表，方便网络运维人员实时了解网段的利用情况，合理划分公司的网段。

5. IP 主机管理

主机管理：用于管理需入网的办公计算机、打印机、笔记本、工控机、摄像头等信息通信设备。

新增主机：单击"添加主机"按钮，输入入网设备的责任人、设备信息、管理部门等信息，完成后保存确认，并进行数据刷新，如图 2-82 所示。

修改主机：选择需要修改的主机，单击"修改"按钮，修改后保存确认。

删除主机：选择要删除的主机，单击"删除"按钮，确认后删除。

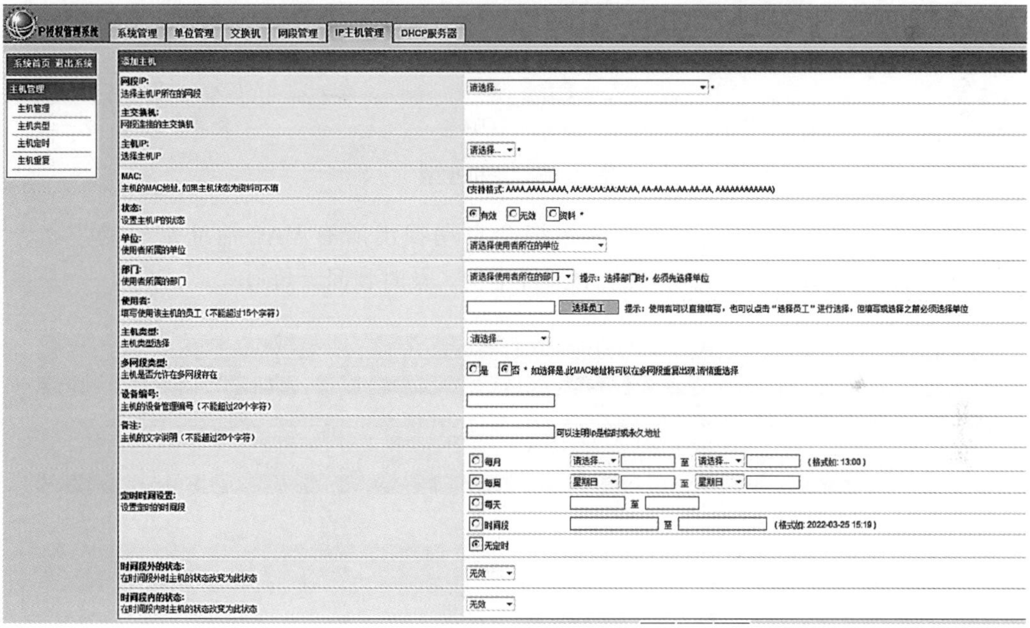

图 2-82 新增主机

主机类型模块：用于管理入网设备类型，可以自行定义添加主机类型，如图 2-83 所示。

添加主机类型：单击"添加主机类型"按钮，输入主机类型名称、属性等信息，完成后保存确认。

修改主机类型：单击"编辑"按钮，修改后保存确认。

删除主机类型：单击"删除"按钮，确认后删除。

主机类型名称	属性	操作
PC服务器	不可移动	编辑　删除
PC机	不可移动	编辑　删除
PC机（内网）	不可移动	编辑　删除
VOIP电话	不可移动	编辑　删除
变电所摄像头	不可移动	编辑　删除
采集设备	不可移动	编辑　删除
触摸屏查询机	不可移动	编辑　删除
传真机	不可移动	编辑　删除
打印机	不可移动	编辑　删除
电视电话终端	不可移动	编辑　删除
动环监控	不可移动	编辑　删除
饭卡机	不可移动	编辑　删除
环境监控	不可移动	编辑　删除
会议终端	不可移动	编辑　删除
绘图仪	不可移动	编辑　删除
机房采集	不可移动	编辑　删除
机房监控	不可移动	编辑　删除
机房门禁	不可移动	编辑　删除

图 2-83　主机类型

主机重复：选中 MAC 地址重复，系统会自动找出所有 MAC 地址重复的主机，如图 2-84 所示，便于管理员进行有效的 IP 地址维护，及时收回无效 IP。

图 2-84　主机重复

6. DHCP 服务器管理

进入 DHCP 服务器模块，主要为关联 DHCP 服务器，将虚拟 MAC 地址刷入交换机，将备用 IP 设置为无效，防止非法客服接入网络，如图 2-85 所示。每个单位只能设置一个 DHCP 主服务器。

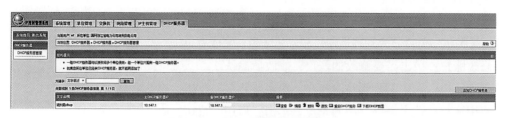

图 2-85　DHCP 服务器管理界面

第七节　BTIM IT 综合管理平台基本应用

一、教学目标

BTIM IT 综合管理平台基于 SNMP 原理，实现了不同种类和厂商的网络设备之间的统一管理。本节以用户管理、故障管理、综合监控模块为例，介绍 BTIM IT 综合管理平台的配置和管理。

二、操作步骤和方法

使用 IE 浏览器打开 BTIM IT 综合管理平台，输入用户名、密码，单击"登录"按钮，进入 BTIM IT 综合管理平台，在 BTIM IT 综合管理平台主页上可以看到公司网络拓扑图，以及告警信息、功能菜单、用户的登入信息等，如图 2-86 所示。

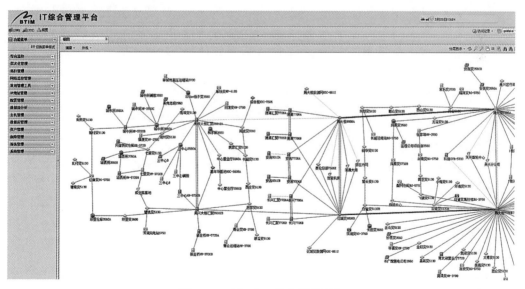

图 2-86　BTIM IT 综合管理平台

1. 用户管理

选择"系统管理"→"用户管理"，进入用户账户，在右侧可新增、修改、删除、启用及禁用账户。

新增账户：单击"添加"按钮，输入用户名、静态密码、手机、电子邮件，选择适合的角色，其中用户角色分为管理员账号和普通账号，完成后单击"确定"按钮，如图 2-87 所示。

修改账户：单击需要修改的账户，修改后确认。

删除账户：选中需要删除的账户，单击"删除"按钮，确认后删除。

启用账户：选中需要启用的账户，单击"启用"按钮。

禁用账户：选中需要禁用的账户，单击"禁用"按钮。

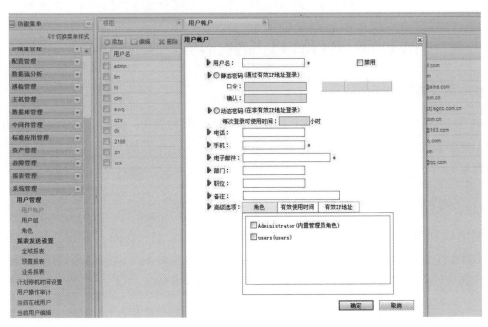

图 2-87 新增账户

2. 故障管理

选择"故障管理"→"告警日志查询"，可实时查看近期发生的设备故障告警，并通过查看故障告警信息初步判断故障原因，如图 2-88 所示。

图 2-88 告警日志查询

3. 综合监控

选择"综合监控"→"值班监控查询",可实时查看在运的网络设备的负载排行、线路流量排行等信息,便于网络运维人员在日常运维和网络规划中做出合理的安排,如图 2-89 所示。

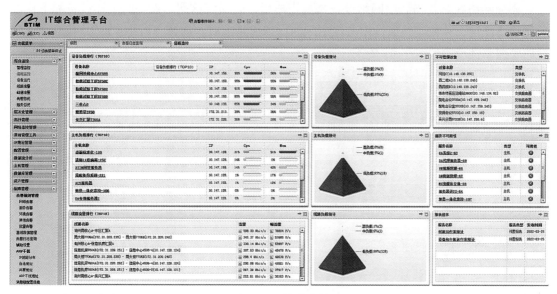

图 2-89　值班监控

4. 设备管理

添加网络设备:在 BTIM IT 综合管理平台的主界面上右击,在弹出的快捷菜单中选择"添加设备"命令。添加网络设备时,应正确填写网络设备的 IP 地址,SNMP 的读取参数、版本等信息,如图 2-90 所示。

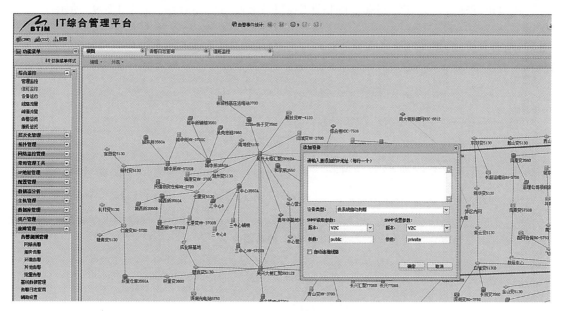

图 2-90　添加网络设备

添加完网络设备后，BTIM IT 综合管理平台会自动识别添加的网络设备。选中该网络设备，选择"设备属性"选项，增加网络的中文名称，以便于监控人员、运维管理员进行后期维护。

添加网络线路：当新增网络设备添加完毕后，必须将该网络设备的上连设备和下连设备用线路连接，并在线路属性中备注实际的物理线路走向。选择"拓扑管理"，找到"连接线路管理"选项，如图 2-91 所示。

图 2-91　连接线路管理

在连接线路管理界面中找到"添加"按钮，将新增设备和上连设备或下连设备的 IP 地址、接口正确输入，并在线路属性的备注中填写物理线路实际走向，如图 2-92 所示。

图 2-92　线路属性

第三章　常见仪器仪表操作

第一节　OTDR 基本操作

一、教学目标

OTDR（Optical Time Domain Reflectometer，光时域反射仪）是利用光线在光纤中传输时的瑞利散射和菲涅尔反射所产生的背向散射而制成的精密的光电一体化仪表，它被广泛应用于光缆线路的维护、施工之中，可进行光纤长度、光纤的传输衰减、接头衰减和故障定位等的测量。本节以日本安立公司的 9028 型 OTDR 为例，介绍 OTDR 的操作方法。

二、操作步骤和方法

1. 连接设备

用尾纤连接 MT9082 和待测的光缆法兰，按 MT9082 的电源键，仪表将会在 15s 的时间内启动。

2. 设置配置

仪表启动后，进入 TOP menu 界面，选择需要的测试模式（故障定位模式、轨迹分析模式、工程测试模式）。

配置测试条件：通过使用∧、∨键及 Enter 键选择所要使用的测试模式，即可进入测试条件的设置。

（1）设置模式：可以设置为自动或手工。当设置为自动时，仪表自动设置距离范围、脉冲宽度、平均参数，测量完成后自动检测事件点；当设置为手动时，按照当前设定条件进行测量，测量完成后自动检测事件点。

（2）事件：可以设置为自动搜索和固定。当设置为自动搜索时，自动检测事件点，如熔接点和故障点；当设置为固定时，无需检测，生成固定位置的事件点。在进行光缆熔接时，由于每根光纤的熔接点位置一致，因此该功能非常有用。

（3）波长：设置测试所需的波长。

（4）距离范围：设置测试的光纤的长度（一般设置的距离要为光纤距离的 125%）。

（5）脉宽：根据测试距离的范围设置所需要的测试脉冲宽度，当"脉冲宽度"范围设置为"自动"时，测量过程将自动选择一个最优的脉冲宽度。可设置的最大脉冲宽度取决于测试距离范围设置。设置的测试脉冲宽度越小，测试的距离分辨率越高，因此测试距离精度越高；但是，光脉冲功率变小，相应地噪声增加，可以测试的光纤长度变小。

（6）IOR：设置折射率，折射率应该被设置为被测光纤的生产厂家所推荐的值。

（7）平均化：设置平均次数或时间［自动，1~9999（次或 s）］。也可以选择平均的单位（次数 / 时间）。设置的平均时间根据测试测试距离而定，距离越长，测试的平均时间也就越长。

（8）采样分辨率：设置采样的分辨率，需要考虑到脉冲宽度和测试距离的设置。

3. 执行曲线的测试

测试参数设置完成后，按 Start 键进行测试。测试结束后，测试曲线将自动显示。

分析测试的结果。按 Start 键开始测试后，仪表将自动选择最优的测试距离、脉冲宽度和平均时间。测试完成后，将自动显示光纤故障点的位置，如图 3-1 所示。

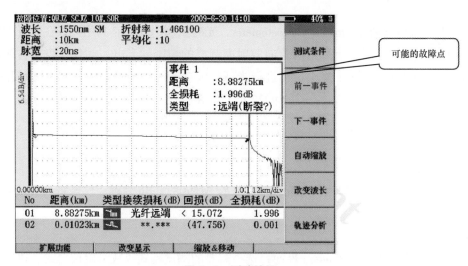

图 3-1　测试结果

按轨迹分析 F6 键，将显示测试的曲线和事件表。最远端的事件将在图上显示出来，显示有可能出现故障的距离、事件的类型及相对应损耗。

三、OTDR 常见测试曲线分析

（1）正常曲线如图 3-2 所示。

图 3-2 为正常曲线，其中 A 为盲区，B 为测试末端反射峰。测试曲线为倾斜的，随着距离的增长，总损耗会越来越大。用总损耗（dB）除以总距离（km），就是该段纤芯的平均损耗（dB/km）。

（2）光纤存在跳接点，如图 3-3 所示。

图 3-3 中间多了一个反射峰，因为中间很有可能是一个跳接点。之所以能够出现反射峰，很多情

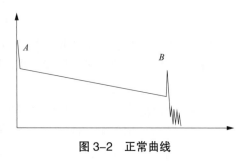

图 3-2　正常曲线

况是因为末端的光纤端面是平整光滑的。端面越平整，反射峰越高。例如，在一次中断割接当中，当光缆砍断以后，测试的曲线应该如光路存在断点图；但当再测试时，如果在原来的断点位置出现反射峰，就说明现场的抢修人员很有可能已经把该纤芯的断面做好了。

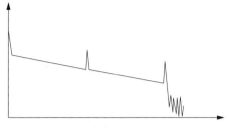

图 3-3　光纤存在跳接点

（3）异常情况如图 3-4 所示。

图 3-4　异常情况

出现图 3-4 中这种情况，有可能是仪表的尾纤没有插好，或者光脉冲根本打不出去，抑或是断点位置比较进，所使用的距离、脉冲设置又比较大，看起来就像光没有打出去一样。出现这种情况时，一要检查尾纤连接情况，二要修改 OTDR 的设置，把距离、脉冲调到最小。如果仍出现这种情况，可以判断一为尾纤有问题；二为 OTDR 上的识配器问题；三为断点十分近，OTDR 不足以测试出距离。如果是尾纤问题，只要换一根尾纤即可，否则就要试着擦洗识配器，或就近查看纤芯。

（4）非反射事件如图 3-5 所示。

这种情况比较多见，曲线中间出现一个明显的台阶，多数为该纤芯打折、弯曲过小、受到外界损伤等因素。曲线中的这个台阶是比较大的一个损耗点，也可以称为事件点。如果曲线在该点向下掉，则称为非反射事件；如果曲线在该点向上翘，则是反射事件，这时该点的损耗点就成了负值，但并不是说其损耗小了。这是一种伪增益现象，造成这种

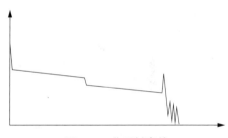

图 3-5　非反射事件

现象的原因是接头两侧光纤的背向散射系数不一样，接头后光纤背向散射系数大于前段光纤背向散射系数，而从另一端测则情况正好相反；折射率不同也有可能产生增益现象。所以，要想避免这种情况，只要用双向测试法即可。

（5）光纤存在断点，如图 3-6 所示。

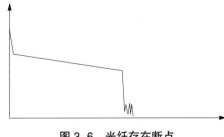

图 3-6　光纤存在断点

这种情况一定要引起注意，往往光纤存在断点。曲线在末端没有任何反射峰就掉下去，如果知道纤芯原来的距离，在没有到达纤芯原来的距离时曲线就掉下去，这说明光纤在曲线掉下去的地方断了，也有可能是光纤在那里打了个折。

（6）测试距离过长，如图 3-7 所示。

这种情况通常出现在测试长距离的纤芯，其原

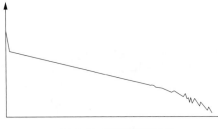

图 3-7　测试距离过长

因一是 OTDR 配置的测试距离、脉冲比较小，二是 OTDR 测试的距离超过了能测试的最长距离。若为 OTDR 配置的测试距离、脉冲比较小，就要把测试距离、脉冲调大，以达到全段测试的目的。

第二节　2M 误码仪基本操作

一、教学目标

2M 误码仪全称 2M 数字传输性能分析仪，其性能可靠稳定，功能齐全，体积小巧，采用大屏幕中文显示，操作简洁容易，可对 2Mbit/s 接口数字通道、同向 64k、RS232、RS485、RS449、V.35、V.36、EIA530、EIA530A、X.21 接口数字通道进行各类验证及功能测试，适用于数字传输系统的工程施工、工程验收及日常维护测试。本节以 2M 数字传输性能分析仪为例，介绍 2M 数字传输性能分析仪操作方法。

二、操作步骤和方法

2M 误码仪面板如图 3-8 所示，包含如下几部分：①液晶显示器；②状态、告警指示灯；③功能按键。

面板②部分中两列告警指示灯只指示 Rx1 端口或 DATA 端口的状态，其中左列指示灯表示历史告警记录，亮黄灯表示仪表检测到事件，事件消失后灯仍保持亮，直至用按键 CLS HIS 清除；右列指示灯表示相应事件状态，绿色灯亮表示相应的状态正常，红色灯亮表示相应的状态不正常。仪表检测到事件后红灯亮 0.5s，若 0.5s 内事件又出现，则红灯保持常亮，事件消失后红灯熄灭。告警指示灯具体含义如下：

SIGNAL：Rx1 端口或 DATA 端口信号状态指示。

FRAME：Rx1 端口信号帧同步状态指示。

MFRAME：Rx1 端口信号复帧同步状态指示。

CRC-4：Rx1 端口信号结构指示。

PATTERN：Rx1 端口或 DATA 端口信号图案同步指示。

AIS：Rx1 端口或 DATA 端口输入信号告警指示。

RA：Rx1 端口输入信号远端帧告警。

MRA：Rx1 端口输入信号远端复帧告警。

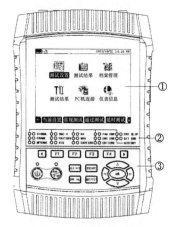

图 3-8　2M 误码仪面板

CODE ERR：Rx1 端口编码误码。

FAS ERR：Rx1 端口帧误码指示。

CRC ERR：Rx1 端口 CRC 误码指示。

EBIT ERR：Rx1 端口 E 比特误码指示。

PAT SLIP：Rx1 端口或 DATA 测试图案滑码指示。

BIT ERR：Rx1 端口或 DATA 比特误码指示。

1. 2Mbit/s 通道误码测试

2Mbit/s 通道误码测试主要在设备研发生产、工程施工、工程验收及日常维护时使用，可准确地测试出被测系统的误码特性。

（1）连接误码仪。

Rx 接设备 Tx，Tx 接设备 Rx，如图 3-9 所示。

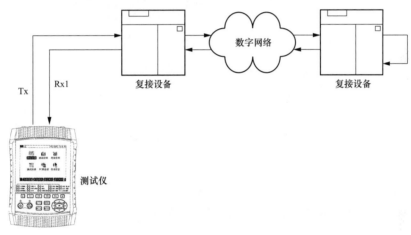

图 3-9 2Mbit/s 通道测试连接

（2）测试。

打开电源开关，在主菜单中选择"测试设置"，进入测试设置界面。在测试设置界面中将仪表工作方式设置为常规测试，对 Tx/Rx1 端口设置如下：

接收：Rx = Tx。

接口方式：2Mbit/s。

信号形式：非帧。

信号端口：终接。

数据端口：G.703（75Ω）或 G.703（120Ω）。

时钟方式：内部时钟。

测试图案：2e15-1。

图案极性：同向。

信号码型：HDB3。

配置完成后，观察面板上有无告警，确认面板上无告警显示（无红色 LED 灯亮）。按

RUN/STOP 键开始测试，再次按 RUN/STOP 键停止测试。从测试结果界面中可得到测试期间的误码（Bit Error、Code Error）、告警（Signal Loss、AIS、Pattern Loss）、误码分析（G.821、G.826、M.2100）等结果。

2. 64kbit/s 通道测试

64kbit/s 通道测试是对 2Mbit/s 通道中的某一 64kbit/s 时隙通道进行测试，主要用于研发、工程上对交换设备、交叉连接设备等测试。

（1）连接误码仪。

Rx 接设备 Tx，Tx 接设备 Rx，如图 3–10 所示。

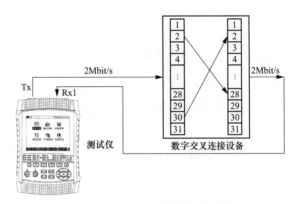

图 3–10　64kbit/s 通道测试连接

（2）测试。

打开电源开关，在主菜单中选择"测试设置"，进入测试设置界面。在测试设置界面中将仪表工作方式设置为常规测试，对 Tx/Rx1 端口设置如下：

接口方式：2Mbit/s。

信号形式：根据线路信号的形式选择 PCM30、PCM30CRC、PCM31、PCM31CRC。

信号端口：终接。

数据端口：G.703（5Ω）或 G.703（120Ω）。

时钟方式：内部时钟。

测试图案：2e15–1。

图案极性：同向。

信号码型：HDB3。

时隙选择：根据实际情况选择。

配置完成后，观察面板上有无告警，确认面板上无告警显示（无红色 LED 灯亮）。按 RUN/STOP 键开始测试，再次按 RUN/STOP 键停止测试。从测试结果界面中可得到测试期间的误码（Bit Error、Code Error、Frame Error、CRC Error）、告警（Signal Loss、AIS、Frame Loss、RA、MRA）、线路信号频率、线路信号电平、误码分析（G.821、G.826、M.2100）等结果。

3. 自动保护倒换（APS）测试

SDH 网络都带有自动保护倒换功能，当工作光缆线路被切断时，SDH 可自动启用备用光缆，保证通信不中断。当设备在进行工作光缆与备用光缆切换时需要倒换时间，仪表的自动保护倒换（APS）测试即测试倒换时间。

（1）连接误码仪。

Rx 接设备 Tx，Tx 接设备 Rx，如图 3-11 所示。

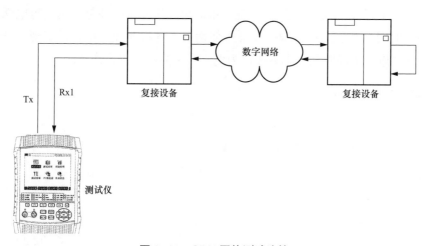

图 3-11　SDH 网络测试连接

（2）测试。

打开电源开关，在主菜单中选择"测试设置"，进入测试设置界面。在测试设置界面中将仪表工作方式设置为 APS 测试，对 Tx/Rx1 端口设置如下：

接收：Rx = Tx。

接口方式：2Mbit/s。

信号形式：非帧。

信号端口：终接。

数据端口：G.703(75Ω) 或 G.703(120Ω)。

时钟方式：内部时钟。

测试图案：2e15-1。

图案极性：同向。

信号码型：HDB3。

配置完成后，观察面板上有无告警，确认面板上无告警显示（无红色 LED 灯亮）。按 APS 测试界面中的"开始测试"功能键，观察测试结果。

三、注意事项

仪表充电电池有一定寿命，需要定期更换；仪表若长期搁置不用，需定期（半年）加电自环测试一次；仪表面板指示灯和液晶屏应防止重物按压，以免损坏；仪表对电源的波动敏感，测试期间尽量不要开、关其他电器，不和其他设备共用电源插座。

第三节　光熔接仪基本操作

一、教学目标

光熔接仪主要用于光通信中关联的施工和维护，其工作原理是利用高压电弧将两光纤断面融化的同时用高精度运动机构平缓推进使两根光纤融合成一根，以实现光纤模场的耦合。本节以住友电工 TYPE-82C 光熔接仪为例，介绍光熔接仪操作方法。

二、操作步骤和方法

1. 操作前熔接机及辅助工具的清洁

操作前必须对熔接机的 V 形槽、防风罩镜、光纤压脚、光纤切割刀、涂层剥纤钳等进行无水乙醇清洁，原则上熔接机应放置桌面上进行（可配置携带式桌子）以尽可能做到设备防灰。

2. 熔接模式的选择

在熔接标准单模光纤（G.652）时，开机进入菜单，选择使用［SM G652 Quick］熔接模式。如果不能识别光纤类型时，可使用［AUTO］熔接模式。通常使用 AUTO 模式来熔接 SM、MM 光纤。选择熔接完成后，对设备的熔接放电进行校准。

放电试验操作步骤：先放置光纤，点击菜单后选择放电试验，显示［放电试验准备 OK］后，当有［放电强度太弱］、［放电强度太强］、［放电中心位置］显示的时候，再次对光纤进行前期处理，重新实施放电试验，直到显示［良好放电状态］。

当选择［AUTO］模式时，选择特定的放电条件。自动熔接模式［AUTO］可以熔接所有类型的光纤，如单模光纤（G.652）、非零色散位移光纤（G.655）、多模光纤（G.651）等。此功能在每次熔接中都会校准放电功率。当自动放电校正功能启用时，可不必在每次熔接操作前都执行［放电试验］功能。

自动放电校正功能仅工作于［AUTO］模式，在其他标准熔接模式下不起作用。当在使用这些熔接模式时，必须在熔接前执行［放电试验］。

合适的熔接参数取决光纤的组合，应控制放电和加热参数；选择合适的估算熔接参数；控制光纤对准和熔接步骤参数以及发生错误时的阈值。

3. 熔接要点

开剥后的光纤应使用无水乙醇清除涂覆层残渣并保持已切割好的光纤尾端不受污染，通常清洁从尾部起 100mm 左右的长度。并且确保光纤的切割长度，通常切割后的裸纤为 1.6~1.8cm，切割后的端面应无碎裂、毛刺及斜面。

打开防风罩和护套压板，把切割好的光纤放置在 V 形槽，将光纤末端放置熔接机 V 形槽边缘与电极中心之间后正确放入 V 形槽底部，然后合上压板保证光纤不会移动；入槽的光纤应张弛自然，不要紧绷光纤以导致不良的熔接损耗，此过程严禁有光纤端面碰触任何物体。

光纤被放入熔接机后将做相向运动，在清洁放电之后，光纤的运动会停止在一个特定的位置，然后熔接机将检查光纤的切割角度和端面质量。如果测量出来的切割角度大于设定的门限值或者检查出光纤端面有毛刺，则蜂鸣器蜂鸣，且显示器会报出一个错误信息；当熔接机没有报错误信息，但显示器上光纤端面却列出偏芯、粗、细等现象时，操作者应先对机器进行清洁及校准，重新将光纤从熔接机取出切割，进行再一次熔接，不然光纤熔接完成后，这些可见的表面缺陷可能会导致光缆熔接失败。

光纤检查完毕后，熔接机会按照纤芯对纤芯或者是包层对包层的方式来进行对准，同时包层的轴向偏移和纤芯的轴向偏移会被显示出来。光纤对准完成之后执行放电，熔接光纤。

熔接完成之后将显示估算的熔接损耗，熔接损耗受后一页列出的因素影响，这些因素在计算和估算熔接损耗时应被考虑进去。对熔接损耗的计算是基于一些空间参数来进行的，如模场直径 (MFD)。当检测切割角度或估算熔接损耗中的任何一个值超过其设定门限值时，熔接机都会显示一个错误信息。如果熔接后的光纤被检查出有反常情况，如过粗、过细或气泡，熔接机会显示一个错误信息。当没有错误信息显示，但是通过显示器观察发现熔接效果很差时，应强烈建议重新熔接。

观察显示屏放电情况，如有放电"颤动"或"亮度忽暗忽明"，表明此时放电不稳定，释放到光纤的热量不均匀，将导致不良的熔接损耗，需稳定电极来改善放电过程，重新熔接。

根据所使用的热缩套管、环境温度选择合适的加热模式。当熔接好的光纤移动至加热器中，同时将热缩套管放置加热器中央，确保热缩套管在中间位置且加强芯在下方，保证光纤无扭曲现象。

光纤熔接常见问题及解决方法如表 3-1 所示。

表 3-1　　　　　　　　　　　光纤熔接常见问题及解决办法

现象	原因	解决方法
偏芯 	V 形槽和光纤夹具上附着灰尘	清洁 V 形槽和光纤夹具
	放电强度不合适	进行放电试验，请确认是否为良好放电状态
	光纤左右熔接量不均匀	

现象	原因	解决方法
粗	推进量过多	减少推进量
	放电强度不合适	行放电试验，请确认是否为良好放电状态
	V形槽和光纤夹具上附着灰尘	清洁V形槽和光纤夹具
细	推进量过少	增加推进量
	放电强度不合适	进行放电试验，确认是否为良好放电状态
	V形槽和光纤夹具上附着灰尘	清洁V形槽和光纤夹具
气泡	预先放电左右过短	增加预先放电时间
	光纤前端沾有异物	再次切断左（右）光纤
	光纤切断面角度过大	
白色线条	放电强度不合适	进行放电试验，确认是否为良好放电状态
	预先放电时间过短	增加预先放电时间
	熔接不同种类、不同直径的光纤熔接点界面上有时会出现白色条纹	如果实测熔接损耗良好，不会对熔接质量造成影响
黑色线条	光纤前端沾有异物	再次切断左（右）光纤
	熔接不同种类、不同直径的光纤熔接点界面上有时会出现白色条纹	如果实测熔接损耗良好，不会对熔接质量造成影响

4. 加热要点

打开加热器盖，将事先穿入的保护套管左右均匀地移至熔接保护点，左右轻拉光纤的两端，同时向下压低。加热器盖和加热器夹具会同时联动关闭。加热器也自动进行加热。加热过程结束后，有蜂鸣提示。通过加热进度显示条的变化可以确认加热补强的完成状况，光纤取出后放在冷却架上。

补强（加热）部位良好的示例，如表 3-2 所示。

表 3-2　　　　　　　　　　　　　　补强（加热）部位良好的示例

现象	补强（加热）状态
套管插入的位置偏离熔接中心点 6mm 以上　　6mm 以上	良

补强（加热）部位不良的示例如表 3-3 所示。

表 3-3　　　　　　　　　　　　　　补强（加热）部位不良的示例

现象	补强（加热）状态
套管插入的位置偏离熔接中心点 （涂覆部位插入的位置左右不均）	否
套管内光纤有拧曲 / 弯曲 （不是直线状态）	否
保护套管内有气泡残留 气泡	否
保护套管的两端呈现较长的喇叭状 未收缩	否

三、注意事项

（1）熔接机及辅助工具应始终保持良好的清洁状态，必须做到出工前、工作中、回场后的清洁工作。

（2）熔接机及辅助工具在使用过程中始终放置在操作台，严禁随意将裸机放置在户外地面或有扬尘环境。

（3）当外界环境突然发生变化时，放电强度有时会变得不稳定，从而导致熔接损耗增大。特别是当熔接机从低海拔地区移至高海拔地区时，需要一定的时间来稳定放电强度。在这种情况下，稳定电极可以加快放电强度稳定的过程，需要做多次试验直到 [放电试验] 中显示"良好放电状态"为止。

（4）熔接机及辅助工具设置专人保管及日常维护工作，在工作中应随时做到轻拿轻放，运输途中严禁随意摆放，切实做好防震、防压措施。

（5）要做好熔接机维护设置，熔接机放电次数通常不超过 5000 次，应及时更换熔接机电极。

（6）必须使用专用熔接机的交流适配器 / 充电器，严禁擅自拆卸或改动熔接机、交流适配器或电池。

（7）熔接机不需要添加任何润滑剂、润滑油或油脂，否则会降低其熔接性能，甚至损坏熔接机。

第四节　红外热像仪基本操作

一、教学目标

红外热像仪是一种利用红外热成像技术，通过对标的物的红外辐射探测，并加以信号处理、光电转换等手段，将标的物的温度分布的图像转换成可视图像的设备。红外热像仪将实际探测到的热量进行精确量化，以面的形式实时成像标的物的整体，因此能够准确识别正在发热的疑似故障区域。操作人员通过屏幕上显示的图像色彩和热点追踪显示功能来初步判断发热情况和故障部位，同时严格分析，从而在确认问题上体现了高效率、高准确率。本章以飒特 E8 红外热像仪为例，介绍红外热像仪操作方法。

二、操作步骤和方法

1. 准备

电池充电及安装、SD 卡安装。飒特 E8 采用可拆卸电池，以外置 SD 卡作为存储介质，故使用前需要安装电池和插入 SD 卡。正确握住热像仪，用右手拿着热像仪，大拇指放在键盘上方，食指放于快捷键上，如图 3-12 所示。

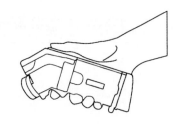

图 3-12　正确握住热像仪

按下热像仪电源开关，如图 3-13 所示，保持 3s 以上，绿色的电源指示灯将会亮起。

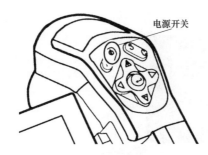

图 3-13 热像仪电源开关

2. 查看信息

飒特 E8 液晶屏有实际镜头捕捉的图像的 100% 视野，以下是热像仪实际显示的画面，如图 3-14 所示。

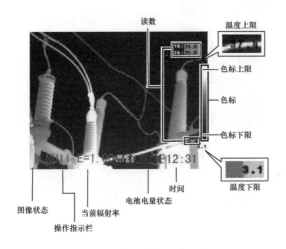

图 3-14 热像仪实际显示画面

调节焦距：将热像仪对准观测目标，使目标在液晶显示屏中央，旋转镜头上的调焦环，直至在显示屏上获得清晰的图像，如图 3-15 所示。

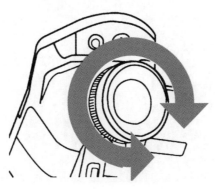

图 3-15 旋转镜头上的调焦环

切换显示模式：飒特 E8 热像仪拍摄的图像可以选择 3 种模式，即红外、可见光、融合，如图 3-16 所示。

红外
在该模式下，用户可以使用分析工具对目标物体进行分析。但是，用户看到的图像是传统的红外热图

可见光
在该模式下，用户可以看到可见光图像。但是，用户不能对图像上的目标进行分析

融合
在该模式下，用户看到的是背景为可见光图像上有一个半透明的红外窗口。用户可以使用分析工具对目标物体进行分析

图 3-16　红外热像仪的 3 种显示模式

三、信通红外测温主要设备

信通红外测温主要设备为易发热设备。

（1）电源柜：交流分配屏、直流分配屏、高频开关电源屏，测温点位包括电源汇流排、开关、延时继电器、交流接触线圈、熔丝、整流模块、蓄电池，如图 3-17 和图 3-18 所示。

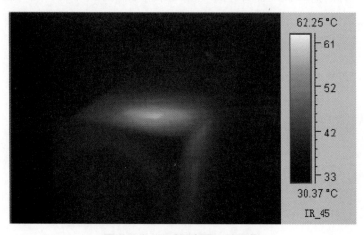

图 3-17　延时继电器红外图像

图 3-18　流分配屏交流接触线圈红外图像

（2）服务器、交换机、PC 机，测温点位包括设备进风口、出风口，如图 3-19 所示。

图 3-19　服务器电源出风口红外图像

（3）其他设备，如电源适配器，如图 3-20 所示。

图 3-20　电源适配器红外图像

四、注意事项

（1）测温距离保持在 10cm 以内，以缩小测量误差。因热辐射会被设备外壳遮挡，故对一个点位测量时，需要多变换拍摄角度，以取到测量点位的最高温度。

（2）建议建立设备测温台账，定期开展比对分析，对异常数据进行分析及监控。

（3）在使用红外热像仪过程中，不要把激光指示器对准人或动物的眼睛。激光指示器所发出的激光可能对视力造成伤害。

（4）不要把红外热像仪直接指向太阳或其他强热源，如电烙铁，这可能造成设备损坏。

第五节 网络分析仪基本操作

一、教学目标

网络分析仪是测量网络参数的一种新型仪器，可直接测量有源或无源、可逆或不可逆的双口和单口网络的复数散射参数，并以扫频方式给出各散射参数的幅度、相位频率特性，可用于认证、排除故障、记录铜缆和光缆布线安装。本章以 DTX 网络分析仪为例，介绍 DTX 网络分析仪操作方法。

二、操作步骤和方法

DTX 网络分析仪如图 3-21 所示。

链路接口适配器提供用于测试不同类型的双绞线 LAN 布线的正确插座及接口电路。测试仪提供的通道及永久链路接口适配器适用于测试至第 6 类布线。可选的同轴适配器可使用户测试同轴电缆布线，如图 3-22 所示。

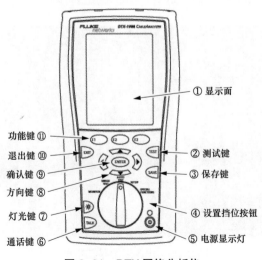

图 3-21 DTX 网络分析仪

图 3-22　链路接口适配器

1. 基础设置

包含语言、日期、时间、数字格式、长度单位及工频。

将旋转开关（4 号键）转至 SETUP（设置）。

使用 8 号键选中列表最底部的仪器设置，按 9 号键。

使用 8 号键查找并选中列表最底部的选项卡 2 的语言，按 9 号键。

使用 8 号键选中想要的语言，按 9 号键。

使用 8 号键在仪器设置下的选项卡 2、3 和 4 中查找并更改本地设置。

2. 测试仪基准设置

认证双绞线布线基准，基准设置程序可用于设置插入耗损及 ACR-F（ELFEXT）测量的基准。若想要将测试仪用于不同的智能远端，可将测试仪的基准设置为两个不同的智能远端，如每隔 30 天。这样做可以确保取得准确度最高的测试结果，更换链路接口适配器后无需重新设置基准。

3. 双绞线测试标准

双绞线测试设置值表说明用于双绞线布线测试的设置值。若要访问设置值，可将旋转开关（4 号键）转至 SETUP（设置），用 8 号键选中双绞线，按 9 号键，如表 3-4 所示。

表 3-4　　　　　　　　　　　　　双绞线测试设置值

设置值	说明
SETUP> 双绞线 > 缆线类型	选择"自定义"可确定电缆类型
SETUP> 双绞线 > 测试极限	选择"自定义"可确定测试极限值
SETUP> 双绞线 >NVP	选择"自定义"可确定额定传播
SETUP> 双绞线 > 插座配置	选择"自定义"可选择主机端、备机端

4. 在双绞线布线上进行自动测试

认证双绞线布线所需的设备如图 3-23 所示。

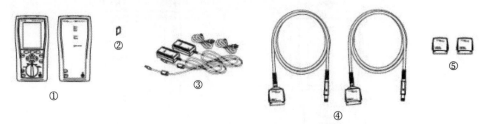

① 测试仪及智能远端连电池组
② 内存卡（可选）
③ 两个带电源线的交流适配器（可选）

④ 用于测试永久链路：两个永久链路适配器
⑤ 用于测试通道：两个通道适配器

图 3-23　认证双绞线布线所需的设备

5. 双绞线布线自动测试概要

双绞线布线自动测试概要，如图 3-24 所示。

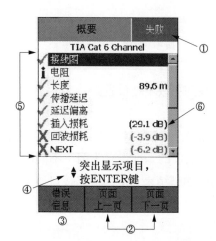

① 通过：所有参数均在极限范围内。

　失败：有一个或一个以上的参数超出极限值。

　通过*/失败*：有一个或一个以上的参数在测试仪准确度的不确定性范围内，且特定的测试标准要求"*"注记。参见"通过*/失败*结果。"

② 按F2或F3键来滚动屏幕画面。

③ 如果测试失败，按F3键来查看诊断信息。

④ 屏幕画面操作提示。使用 ♦ 键来选中某个参数；然后按ENTER键。

⑤ ✔：测试结果通过。

　 i：参数已被测量，但选定的测试极限内没有通过/失败极限值 。

　 X：测试结果失败。

　 ✳：参见"通过*/失败*结果"。

⑥ 测试中找到最差余量。

图 3-24　双绞线布线自动测试概要结果

通过 / 失败结果，如图 3-25 所示。

PASS（通过）可以视作测试结果通过。

FAIL（失败）的测试结果应视作完全失败。

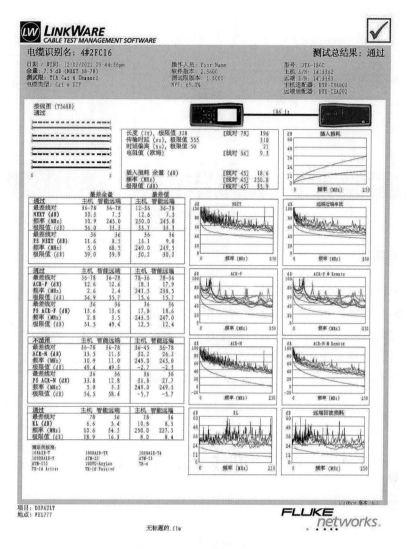

图 3-25　通过 / 失败结果

如果测试失败，按 11 号键可查阅有关失败的诊断信息。诊断屏幕画面会显示可能的失败原因及可采取的整改措施。若诊断信息显示不完整，可按 8 号键查看其他屏幕，如图 3-26 所示。

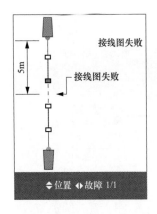 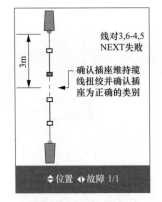 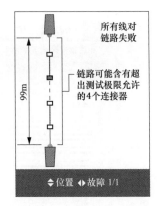

图 3-26　自动诊断

三、注意事项

（1）开启网络测试仪及智能远端，等候 1min，开始设置基准。只有当测试仪已经到达 10~40℃（50~104 ℉）之间的周围温度时才能设置基准。

（2）在使用网络分析仪过程中，要注意充电安全，防止火灾、电击或人员伤害危险。请勿将本设备连接至电话系统之类的公用通信网络。一类激光（输出端口），眼睛有受到有害辐射伤害的危险；二类激光（VFL 端口），请勿直视光束。

第六节　网线测试仪基本操作

一、教学目标

网络测试仪是一种检验 OSI 模型定义的物理层、数据链路层、网络层运行状况的便携、可视的智能检测设备，主要适用于局域网故障检测、维护和综合布线施工中。本章以绿盟网络测试仪为例，介绍网络测试仪操作方法。

二、操作步骤和方法

1. 设备连接

将做好的直通线或者交叉线分别插入这两个接口，如图 3-27 所示。

2. 测试

打开网络测试仪开关，如图 3-28 所示，仔细查看这两处网线灯的同步情况。注意，是"同步"亮起顺序。

如果是直通线，则两边依次且同步亮起顺序为 1、2、3、4、5、6、7、8；如果是交叉线，则两边依次且同步亮起顺序为 3、6、1、4、5、2、7、8；若中途出现有灯未亮起或者顺序错误，则网线未做通，需要重新制作。

将做好的直线两头插入此处

图 3-27　网络测试仪端口

图 3-28　网络测试仪开关

三、注意事项

网络测试仪是最常使用的网络检测工具，日常工作中也会遇到明明网线是通的但LED 不亮的情况。其实，这时往往测试仪的内部功能本身并没有问题，问题只是出现在了RJ-45 或 RJ-11 接口模块卡簧（铜接触针）上。由于测试仪使用时间长了，触针难免失去弹性，使卡簧发生形变后无法恢复原状，加之卡簧所使用的铜质材料由于氧化作用造成导电性不良，使卡簧的触针无法正常接触网线端 RJ-45 的金属片或电阻率过大不导电，导致测试结果不正确。此时，我们要做的就是把卡簧恢复成形变之前的状态，使金属触针恢复正常电阻值即可。

第七节　光功率计基本操作

一、教学目标

光功率计（Optical Power Meter）是指用于测量绝对光功率或通过一段光纤的光功率相对损耗的仪器。光功率计与稳定光源组合使用，能够测量连接损耗，检验连续性，并帮助评估光纤链路传输质量。本章以 JDSU 光功率计为例，介绍 JDSU 光功率计操作方法。

二、操作步骤和方法

光功率单位常用毫瓦（mW）和分贝毫瓦（dBm）来表示，两者的关系为 1mW=0dBm，小于 1mW 的分贝毫瓦为负值。光功率是光信号测量的最基本和最常见的参数。

光功率计基本指标主要为 4 个：一是波长范围，这与光功率计内部使用的光电探测器类型有关，如硅探测器波长范围一般为 450~1000nm，砷化镓探测器波长范围一般为800~1700nm；二是可探测的最大与最小功率范围，典型功率范围为 -100~+3dBm；三是以dB 或 W 为单位的显示分辨率，典型分辨率为 0.001dB 或 10pW；四是功率计所产生的内部噪声，典型情况下为 1~50pW。

1. 开机

按下电源键, 打开电源, 如图 3-29 所示。

图 3-29 打开电源

2. 设置波长

设置光源输出波长, 单模一般为 1310nm、1550nm, 多模一般为 850nm, 如图 3-30 所示。

图 3-30 设置波长

3. 校准光源

打开盖板, 使用尾纤将光源与光功率计接收端进行连接, 对光源进行校准, 如图 3-31 所示。

图 3-31 校准光源

4. 查看发光功率值（dBm）

光源若不够稳定，数字会相应发生变化。测试时实际的发光功率减去实际接收到的光功率的值就是光纤衰耗，如图 3-32 所示。

图 3-32　查看发光功率值

三、注意事项

（1）光功率计应与光源仪一起使用，由光源仪提供稳定输出特定波长、特点模式、特定功率的激光，产生稳定的信号。

（2）经常保持传感器端面的清洁，做到无油脂、无污染，不要使用不清洁和非标准适配器接头，不要插入抛光面差的端面，否则会损坏传感器端面，使测试有误差。

（3）一旦光功率计不使用，应立即盖上防尘帽，保护端面清洁，防止因长时间暴露在空气中附着灰尘而产生测量误差。

（4）小心插拔光适配器接头，避免端口造成刮痕。

（5）定期清洁传感器表面。清洁传感器表面时，应使用专用清洁棉签以圆周方向轻轻擦拭。